SAIBA MAIS!

VIVENDO E APRENDENDO

GILSON VIEIRA DA CUNHA
givicunha086@gmail. Com

Clube de Autores

Ao Divino Mestre, Nosso Senhor Jesus Cristo, confessando a minha fé, mas ciente de que a fé sem obras pouco significa.

DEUS SEJA LOUVADO!

A saudade é o que faz as coisas pararem no tempo.
(Mário Quintana)

ÍNDICE

-A Beleza dos Números 7
-A Importância de Pontuação 9
-Certo ou Errado? 11
-Coincidências Históricas 13
-Coisa é Cultural 15
-Como Escrever Legal 20
-Conta Além da Conta 27
-Deu Pé 29
-Discurso sem a Letra A 30
-Discurso sem Verbos – I 36
-Discurso Sem Verbos – II 39
-É Bom Saber 48
-Euskera, a Língua Basca 52
-Filosofia de Estrada 55
-Línguas Mortas ou Extintas 58
-Línguas Românicas ou Neolatinas 64
-Línguas Vivas sem Parentesco Conhecido 89
-Lista de Coisas que não Sabemos ou Lembramos 93
-Moedas do Brasil 105
-O Dia em que Você Nasceu 106
-O Terceiro Milênio Começou Antes de 2001 109
-Palíndromo 117
-Poema com Prova dos Noves 119
-Redundâncias 121
-Resíduos Linguísticos do Indo-Europeu 123
-Resolva Esta 129
-Será que Deus Está me Ouvindo? 131
-Seu Desejo, sua Idade 135
-Sobre a Vírgula 137
-Tautologia 139
-Teste de Genialidade 141
-Teste de Lógica 144
-Teste Psicológico Real 146

-Teste sua Inteligência 147
-Vinte Dicas para o Sucesso 149
-Vinte Fatos Científicos 151
-Você é Bom em Matemática? 154
-Você Sabia? 155
-Você Vai Rir... Por Último 157
-Informação 167
-Dados Biográficos do Autor 169
-Última página, em branco 170

A BELEZA DOS NÚMEROS

Mesmo não sendo matemáticos, não podemos deixar de apreciar a beleza dos números.
Pitágoras que o diga!

1 x 8 + 1 = 9
12 x 8 + 2 = 98
123 x 8 + 3 = 987
1234 x 8 + 4 = 9876
12345 x 8 + 5 = 98765
123456 x 8 + 6 = 987654
1234567 x 8 + 7 = 9876543
12345678 x 8 + 8 = 98765432
123456789 x 8 + 9 = 987654321

1 x 9 + 2 = 11
12 x 9 + 3 = 111
123 x 9 + 4 = 1111
1234 x 9 + 5 = 11111
12345 x 9 + 6 = 111111
123456 x 9 + 7 = 1111111
1234567 x 9 + 8 = 11111111
12345678 x 9 + 9 = 111111111
123456789 x 9 +10= 1111111111

9 x 9 + 7 = 88
98 x 9 + 6 = 888
987 x 9 + 5 = 8888
9876 x 9 + 4 = 88888
98765 x 9 + 3 = 888888
987654 x 9 + 2 = 8888888
9876543 x 9 + 1 = 88888888
98765432 x 9 + 0 = 888888888

Brilhante, não é? E, finalmente, olhe essa simetria:

1 x 1 = 1
11 x 11 = 121
111 x 111 = 12321
1111 x 1111 = 1234321
11111 x 11111 = 123454321
111111 x 111111 = 12345654321
1111111 x 1111111 = 1234567654321
11111111 x 11111111 = 123456787654321
111111111 x 111111111=12345678987654321

(Autor Desconhecido)

A IMPORTÂNCIA DA PONTUAÇÃO

Um homem rico estava muito mal, agonizando. Pediu papel e caneta. Escreveu assim:

"Deixo meus bens a minha irmã não a meu sobrinho jamais será paga a conta do padeiro nada dou aos pobres".

Morreu antes de fazer a pontuação. A quem ele teria deixado a fortuna?

Havia quatro concorrentes.

1) O sobrinho fez a seguinte pontuação:

Deixo meus bens à minha irmã? Não! A meu sobrinho. Jamais será paga a conta do padeiro. Nada dou aos pobres.

2) A irmã chegou em seguida. Pontuou assim o escrito:

Deixo meus bens à minha irmã. Não a meu sobrinho. Jamais será paga a conta do padeiro. Nada dou aos pobres.

3) O padeiro pediu cópia do original. Puxou a brasa pra sardinha dele:

Deixo meus bens à minha irmã? Não! A meu sobrinho? Jamais! Será paga a conta do padeiro. Nada dou aos pobres.

4) Aí, chegaram os descamisados da cidade. Um deles, sabido, fez esta interpretação:

Deixo meus bens à minha irmã? Não! A meu sobrinho?

Jamais! Será paga a conta do padeiro? Nada! Dou aos pobres.

Lição:

Assim é a vida. Pode ser interpretada e vivida de diversas maneiras.

Nós é que colocamos a pontuação. E isso faz toda a diferença!

(Autor Desconhecido)

CERTO OU ERRADO?

Você sente um incontrolável ímpeto de corrigir pessoas que falam palavras que lhe parecem erradas? Preste atenção às palavras abaixo e assinale aquelas que fariam soar nos seus ouvidos o alarme: "Tá errado!":

Abastar, de bastar;
Antão, de então;
Avoar, de voar;
Barrer, de varrer;
Basculhar, de vasculhar;
Cousa, de coisa;
Dereito, de direito;
Despois, de depois;
Dezanove, de dezenove;
Dorminhar, de dormir;
Entonces, de então;
Fruita, de fruta;
Ingrês, de inglês;
Lançol, de lençol;
Loiça, de louça;
Luita, de luta;
Manteúda, de mantida;
Pranta, de planta;
Samear, de semear;
Sobaco, de sovaco;
Teúda, de tida;
Treição, de traição.

Se você assinalou alguma palavra, errou feio. Todas elas constam do dicionário e têm origem no português antigo. O brasileiro que fala "despois", por exemplo, está muito bem acompanhado por Luís de Camões, em “Os Lusíadas“.

(Autor Desconhecido)

COINCIDÊNCIAS HISTÓRICAS

-Abraham Lincoln foi eleito para o Congresso em 1846.
-John Kennedy foi eleito para o Congresso em 1946.

-Abraham Lincoln foi eleito Presidente em 1860.
-John Kennedy foi eleito Presidente em 1960.

-Os nomes Lincoln e Kennedy têm sete letras.
-Ambos estavam comprometidos na defesa dos direitos civis.

-As esposas de ambos perderam filhos enquanto viviam na Casa Branca.
-Ambos os presidentes foram baleados numa sexta-feira.

-O secretário de Lincoln chamava-se Kennedy.
-O secretário de Kennedy chamava-se Lincoln.

-Ambos os presidentes foram assassinados por sulistas.
-Ambos os presidentes foram sucedidos por sulistas.

Ambos os sucessores chamavam-se Johnson:
-Andrew Johnson, que sucedeu a Lincoln, nasceu em 1808.
-Lyndon Johnson, que sucedeu a Kennedy, nasceu em 1908.

-John Wilkes Booth, que assassinou Lincoln, nasceu em 1839.
-Lee Harvey Oswald, que assassinou Kennedy, nasceu em 1939.

-Ambos os assassinos eram conhecidos pelos três nomes.
-Os nomes de ambos os assassinos têm quinze letras.

-Booth saiu correndo de um teatro e foi apanhado num depósito.
-Oswald saiu correndo de um depósito e foi apanhado num teatro.

-Booth e Oswald foram assassinados antes de seu julgamento.

-Uma semana antes de Lincoln ser morto ele estava em Monroe, Maryland.
-Uma semana antes de Kennedy ser morto ele estava com Monroe, Maryland.

-Lincoln foi morto na sala Ford do Teatro Kennedy.
-Kennedy foi morto num carro Ford, modelo Lincoln.

(Ciro Siqueira - Jornal Estado de Minas, Edição 12.05.2002)

COISA É CULTURAL!

A palavra “coisa” é um Bombril do idioma. Tem mil e uma utilidades. É aquele tipo de ‘termo muleta’ ao qual a gente recorre sempre que nos faltam palavras para exprimir uma ideia. Coisas do português.

Gramaticalmente, “coisa” pode ser substantivo, adjetivo, advérbio. Também pode ser verbo: o Houaiss registra a forma "coisificar". E no Nordeste há “coisar”: “Ô, seu coisinha, você já coisou aquela coisa que eu mandei você coisar?”.

Coisar, em Portugal, equivale ao ato sexual, lembra Josué Machado. Já as “coisas” nordestinas são sinônimas dos órgãos genitais, registra o Aurélio. “E deixava-se possuir pelo amante, que lhe beijava os pés, as coisas, os seios” (Riacho Doce, José Lins do Rego). Na Paraíba e em Pernambuco, “coisa” também é cigarro de maconha.

Em Olinda, o bloco carnavalesco “Segura a Coisa” tem um baseado como símbolo em seu estandarte. Alceu Valença canta: “Segura a coisa com muito cuidado / Que eu chego já.” E, como em Olinda sempre há bloco mirim equivalente ao de gente grande, há também o Segura a Coisinha. [Incentivando crianças ao uso de baseado?!]

Na literatura, a “coisa” é coisa antiga. Antiga, mas modernista: Oswald de Andrade escreveu a crônica “O Coisa” em 1943.

“A Coisa” é título de romance de Stephen King.

Simone de Beauvoir escreveu “A Força das Coisas”, e Michel Foucault, “As Palavras e as Coisas”.

Em Minas Gerais, todas as coisas são chamadas de trem. Menos o trem, que lá é chamado de "a coisa". A mãe está com a filha na estação, o trem se aproxima e ela diz: "Minha filha, pega os trem que lá vem a coisa!".

Devido lugar: "Olha que coisa mais linda, mais cheia de graça (...)". A garota de Ipanema era coisa de fechar o Rio de Janeiro.

"Mas se ela voltar, se ela voltar/ Que coisa linda/Que coisa louca". Coisas de Jobim e de Vinicius, que sabiam das coisas.

São Paulo também tem dessas coisas (coisa de louco!), seja quando canta "Alguma coisa acontece no meu coração", de Caetano Veloso, ou quando vê o Show de Calouros, do Silvio Santos (que é coisa nossa).

Em 1997, a NASA lançou a "Missão Mars Pathfinder", enviando um robô para explorar Marte. O mecanismo foi programado para ser acionado a partir do som de uma música e a escolhida foi um samba de Jorge Aragão/Almir Guineto/Luís Carlos da Vila. Assim, o robô da NASA, foi "acordado" com a música: "Ô coisinha tão bonitinha do pai...". Lembram?

Coisa não tem sexo: pode ser masculino ou feminino. Coisa-ruim é o capeta. Coisa boa é a Juliana Paes. Nunca vi coisa assim!

Coisa de cinema! "A Coisa" virou nome de filme de Hollywood, que tinha o "seu Coisa" no recente Quarteto Fantástico. Extraído dos quadrinhos, na TV o personagem ganhou também desenho animado, nos anos 70. E no programa 'Casseta e Planeta, Urgente!', Marcelo Madureira faz o personagem "Coisinha de Jesus".

Coisa também não tem tamanho. Na boca dos exagerados, "coisa nenhuma" vira "coisíssima". Mas a "coisa" tem história na MPB. No II Festival da Música Popular Brasileira, em 1966, estava na letra das duas vencedoras: Disparada, de Geraldo Vandré: "Prepare seu coração / Pras coisas que eu vou contar", e A Banda, de Chico Buarque: "Pra ver a banda passar/Cantando coisas de amor". Naquele ano do festival, no entanto, a coisa tava preta (ou melhor, verde-oliva). E a turma da Jovem Guarda não tava nem aí com as coisas: "Coisa linda/Coisa que eu adoro".

Cheio das coisas. As mesmas Coisas, Coisa bonita, Coisas do coração, Coisas que não se esquece, Diga-me coisas bonitas, Tem coisas que a gente não tira do coração. Todas essas coisas são títulos de canções interpretadas por Roberto Carlos, o "rei" das coisas. Como ele, uma geração da MPB era preocupada com as coisas.

Para Maria Bethânia, o diminutivo de coisa é uma questão de quantidade. Afinal, "São tantas coisinhas miúdas".

"Todas as Coisas e Eu" é título de CD de Gal. "Esse papo já tá qualquer coisa..." Já qualquer coisa doida dentro mexe. "Essa coisa doida é uma citação da música "Qualquer Coisa", de Caetano, que canta também: "Alguma coisa está fora da ordem".

Por essas e por outras, é preciso colocar cada coisa no devido lugar. Uma coisa de cada vez, é claro, pois uma coisa é uma coisa; outra coisa é outra coisa. E tal coisa, e coisa e tal.

O cheio de coisas é o indivíduo chato, pleno de não-me-toques. O cheio das coisas, por sua vez, é o sujeito estribado. Gente fina é outra coisa.

Para o pobre, a coisa está sempre feia: o salário-mínimo não dá pra coisa nenhuma.

A coisa pública não funciona no Brasil. Desde os tempos de Cabral. Político quando está na oposição é uma coisa, mas, quando assume o poder, a coisa muda de figura. Quando se elege, o eleitor pensa: "Agora a coisa vai". Coisa nenhuma! A coisa fica na mesma. Uma coisa é falar; outra é fazer. Coisa feia! O eleitor já está cheio dessas coisas!

Se você aceita qualquer coisa, logo se torna um coisa qualquer, um coisa à-toa. Numa crítica feroz a esse estado de coisas, no poema "Eu, Etiqueta", Drummond radicaliza: "Meu nome novo é coisa. Eu sou a coisa, coisamente". E, no verso do poeta, "coisa" vira "cousa".

Se as pessoas foram feitas para ser amadas e as coisas, para serem usadas, por que então nós amamos tanto as coisas e usamos tanto as pessoas?

Bote uma coisa na cabeça: as melhores coisas da vida não são coisas. Há coisas que o dinheiro não compra: paz, saúde, alegria e "otras cositas más".

Mas, "deixemos de coisa, cuidemos da vida, senão chega a morte ou coisa parecida", cantarola Fagner em Canteiros, baseado no poema Marcha, de Cecília Meireles, uma coisa linda.

Por isso, faça a coisa certa e não se esqueça do grande mandamento:

"Amarás a Deus sobre todas as coisas".

Entendeu o espírito da coisa?

(Symphronio Veiga, jornalista e radialista)

<u>COMO ESCREVER LEGAL</u>

Antigamente não existiam manuais de redação de jornais impressos e em emissoras de rádio. Em algumas redações, revisores de provas gráficas e copidesques anotavam os erros mais comuns de redação, principalmente cometidos por focas (repórteres iniciantes) e afixavam no quadro de avisos a crítica que faziam. Os repórteres chegavam para o trabalho, assinavam o ponto e iam direto ler as anotações, como estas:

1 – **'Custas só se usa na linguagem jurídica'** para designar despesas feitas no processo. Portanto, devemos dizer: **'O filho vive à custa do pai'. No singular.**

2 - **<u>Não Existe</u> a expressão 'à medida em que'**. Ou se usa **à medida que** correspondente a **à proporção que**, ou se usa **na medida em que** equivalente a **tendo em vista que**.

3 – "O certo é **'a meu ver'** e não **'ao meu ver'**.

4 – **'A princípio'** significa inicialmente, **'antes de mais nada'**: Ex.: A princípio, gostaria de dizer que estou bem. **'Em princípio'** quer dizer **'em tese'**. Ex.: Em princípio, todos concordaram com minha sugestão.

5 – **'À-toa', (com hífen)**, é um adjetivo e significa **'inútil', 'desprezível'**. Ex.: Esse rapaz é um sujeito à-toa**. 'À toa', (sem hífen), é uma locução adverbial e quer dizer 'a esmo', 'inutilmente'**. Ex.: Andava à toa na vida.

6 - Com a conjunção **-se,** deve-se utilizar **acaso**, e nunca **caso**. O certo: "Se acaso vir meu amigo por aí, diga-lhe..." Mas podemos dizer: "Caso o veja por aí...".

7 - **'Acerca de'** quer dizer **'a respeito de'**. Veja: Falei com ele acerca de um problema matemático. Mas **há cerca de** é uma Expressão em que o verbo haver indica tempo transcorrido, equivalente a faz. Veja: Há cerca de um mês que não a vejo.

8 - Não esqueça: **'alface' é substantivo feminino**. A Alface está bem verdinha.

9 - **Além** pede sempre o hífen: 'além-mar', 'além-fronteiras', etc.

10 - **Algures é um advérbio de lugar** e quer dizer 'em algum lugar'. Já **alhures** significa **'em outro lugar'**.

11 - Quando for entrevistar alguém, mantenha o **timbre fechado do o no plural** dessas palavras: **'almoços'**, **'bolsos'**, **'estojos''**, **'esposos'**, **'sogros'**, **'polvos'**, etc.

12 - O certo é **'alto-falante'**, e não auto-falante.

13 - O certo é **'alugam-se casas'**, e não aluga-se casas. Mas devemos dizer precisa-se de empregados, trata-se de problemas. Observe a presença da preposição (de) após o verbo. É a dica pra não errar.

14 - Depois de ditongo, geralmente se emprega **x**. Veja: **'afrouxar', 'encaixe', 'feixe', 'baixa', 'faixa', 'frouxo', 'rouxinol', 'trouxa', 'peixe', etc.**

15 - **Ancião tem três plurais: 'anciãos', 'anciães', 'anciões'.**

16 - Só use ao **'invés de'** para significar **'ao contrário de'**,

ou seja, 'com ideia de oposição'. Veja: Ela gosta de usar preto ao invés de branco. Ao invés de chorar, ela sorriu. Em vez de quer dizer em lugar de. Não tem necessariamente a ideia de oposição. Veja: Em vez de estudar, ela foi brincar com as colegas. (Estudar não é antônimo de brincar).

17 - Ainda se vê e se ouve muito **aterrisar** em lugar de **aterrissar**, com dois s. Escreva sempre com o **s** dobrado.

18 - **Não Existe 'preço barato' ou 'preço caro'.** Só Existe **preço alto ou baixo.** O produto, sim, é que pode ser caro ou barato. Veja: Esse televisor é muito caro. O preço desse televisor é alto.

19 - Ainda se vê muito, principalmente na entrada das cidades, a expressão 'bem vindo' (sem hífen) e até benvindo. **As duas estão erradas**. Deve-se escrever **'bem-vindo'**, sempre com hífen.

20 - Atenção: **'nunca empregue hífen depois de bi, tri, tetra, penta, hexa, etc.'**. O Cruzeiro nunca foi pentacampeão, mas o América chegou a ser decacampeão.

21 - Veja bem: **'uma revista bimensal é publicada duas vezes ao mês'**. **'A revista bimestral só sai nas bancas de dois em dois meses'**.

22 - Hoje, tanto se diz **'boêmia'** como **'boemia'.**

23 - Cuidado: **'Eu caibo'** dentro daquela caixa. Primeira pessoa do presente do indicativo, verbo irregular.

24 - Preste atenção: 'o senador teve a palavra cassada no plenário'. Mas 'o leão foi caçado' na selva. Portanto, **'cassar'** (com dois s) quer dizer **tornar nulo**, sem efeito.

25 - Existem palavras que **'só devem ser empregadas no plural'. Veja: os óculos, as núpcias, as olheiras, os parabéns, os pêsames, as primícias, os víveres,** os **afazeres, os anais, os arredores, os escombros, as fezes, as hemorroidas, o(s) desmancha-prazeres, etc.**

26 - Pouca gente tem coragem de usar, mas **o plural de caráter é 'caracteres'**. Então, Antônio pode ser um bom-caráter, mas os dois irmãos dele são dois maus-caracteres.

27 – **'Cartão de crédito e cartão de visita não pedem hífen'**. Já **'cartão-postal'** exige o 'tracinho'.

28 – **'Catequese' se escreve com 's'**, mas **'catequizar é com 'z'**. Aqui e em Portugal.

29 - O Exemplo acima foge de uma regrinha que diz o seguinte: os verbos derivados de palavras primitivas grafadas com s formam-se com o acréscimo do sufixo - **ar**: análise-analisar, pesquisa-pesquisar, aviso-avisar, paralisia-paralisar, etc.

30 - **'Censo'** é de recenseamento'; **'senso'** refere-se a juízo. Veja: O censo deste ano deve ser feito com senso crítico.

31 - Você não bebe a champanhe. **Bebe o 'champanhe'. É, portanto, palavra masculina.**

32 - Cidadão só tem um plural: **'cidadãos'.**

33 - **Cincoenta** não existe. 'Escreva sempre **cinquenta**'.

34 - **Ainda tem gente que erra quando fala 'gratuito' e dá tonicidade ao i, como se fosse 'gratuíto'.** O certo é

'gratuito', da mesma forma que pronunciamos **intuito, circuito, fortuito...**

35 - E ainda tem gente que teima em dizer **'rúbrica', em vez de rubrica**, com a sílaba 'bri' mais forte que as outras. **'Escreva e diga sempre 'rubrica'**.

36 - **Ninguém diz 'eu coloro esse desenho'**. Dói no ouvido. Portanto, o verbo colorir é **defectivo (defeituoso)** e não aceita a conjugação da primeira pessoa do singular do presente do indicativo. **A mesma coisa é o verbo 'abolir'**. Ninguém é doido de dizer eu abulo. Pra dar um jeitinho, diga: Eu vou colorir esse desenho. Eu vou abolir esse preconceito.

37 - **Outro verbo danado é 'computar'**. Não podemos conjugar as três primeiras pessoas: eu computo, tu computas, ele computa. A gente vai entender outra coisa, não é mesmo? **Então, para evitar esses palavrões, decidiu-se pela proibição da conjugação nessas pessoas.** Mas se conjugam as outras três do plural: computamos, computais, computam.

38 - Outra vez atenção: **os verbos terminados em -uar** fazem a segunda e a terceira pessoa do singular do presente do indicativo e a terceira pessoa do imperativo afirmativo em **-e** não em -i. Observe: Eu quero que ele continue assim. Efetue essas contas, por favor. Menino, continue onde estava.

39 - A propósito do item anterior, devemos lembrar que os verbos terminados em **-uir** devem ser escritos naqueles tempos com **-i**, e não **-e**. Veja: Ele possui muitos bens. Ela me inclui entre seus amigos de confiança. Isso influi bastante nas minhas decisões. Aquilo não contribui em nada com o progresso.

40 – **'Coser'** significa costurar. **'Cozer'** significa cozinhar.

41 - O correto é dizer **'deputado por São Paulo'**, **'senador por Pernambuco'**, e não deputado de São Paulo e senador de Pernambuco.

42 – **'Descriminar' é absolver de crime, inocentar. 'Discriminar' é distinguir, separar**. Então dizemos: Alguns políticos querem descriminar o aborto. Não devemos discriminar os pobres.

43 – **'Dia a dia' (sem hífen)** é uma Expressão adverbial que quer dizer todos os dias, dia após dia. Por Exemplo: **Dia a dia** minha saudade vai crescendo. Enquanto que **'dia-a-dia'** (com hífen) é um substantivo que significa cotidiano e admite o artigo**: O dia-a-dia** dessa gente rica deve ser um tédio.

44 - A pronúncia certa é **'disenteria'**, e não 'desinteria'.

45 - A palavra **'dó' (pena) é masculina**. Portanto, **'Sentimos muito dó** daquela moça'.

46 - **Nas Expressões 'é muito', 'é pouco', 'é suficiente', o verbo ser fica sempre no singular**, sobretudo quando denota quantidade, distância, peso. Ex.: Dez quilos é muito. Dez reais é pouco. Dois gramas é suficiente.

47 - Há duas formas de dizer: **'é proibido entrada'**, e **é 'proibida a entrada'**. Observe a presença do artigo e na segunda locução.

48 - Existem palavras que **'só devem ser empregadas no plural'. Veja: os óculos**, **as núpcias**, **as olheiras**, **os**

parabéns, os pêsames, as primícias, os víveres, os afazeres, os anais, os arredores, os escombros, as fezes, as hemorroidas, etc.

49 - Cuidado: **'emergir é vir à tona'**, vir à superfície. Por Exemplo: O monstro emergiu do lago. **Mas 'imergir' é o contrário**: é mergulhar, afundar. Veja o Exemplo: O navio imergiu em alto-mar.

50 - A confusão é grande, mas 'se admitem as três grafias': **'enfarte, enfarto e infarto'.**

(Symphronio Veiga, jornalista e radialista)

CONTA ALÉM DA CONTA

É superinteressante!

Não vale roubar, seja honesto com seu cérebro!
Foi descoberto que o nosso cérebro tem um BUG!
Aqui vai um pequeno exercício de cálculo mental.
Este cálculo deve ser feito mentalmente (e rapidamente).
Sem utilizar calculadora nem papel e caneta.

Você tem 1000, acrescente-lhe 40.
Acrescente mais 1000.
Acrescente mais 30 e novamente 1000.
Acrescente 20.
Acrescente 1000 e ainda 10.

Qual é o total? - (resposta mais abaixo)
O seu resultado é de 5000?

PARABÉNS!

Você foi mais um que errou a conta!
Volte e refaça a conta...

A resposta certa é 4100!
Se não acreditar, verifique com a calculadora!

O que acontece é que a sequência decimal confunde o nosso cérebro, que salta naturalmente para a mais alta decimal (centenas em vez de dezenas)...

O pior é que você vai refazer a conta, e agora que já sabe o resultado, vai chegar aos 4100 e não saberá como achou 5000 antes!

(Autor Desconhecido)

DEU PÉ!

Experimente isto: este é um teste de cirurgião ortopédico...

Isso vai dar um nó na sua mente e você vai ficar tentando e tentando para ver se consegue "vencer" o seu pé direito, mas você nada conseguirá. Ele é pré-programado pelo seu cérebro!

1. Cuide para que não seja observado, senão vão pensar que você é doido(a). Enquanto está sentado(a), aí mesmo na frente do seu computador, levante o seu pé direito e comece a fazer giros no sentido horário (Da esquerda para a direita... Para evitar qualquer dúvida...).

2. Agora, enquanto faz isso, desenhe no ar o número "6" com a sua mão direita. O seu pé vai mudar de direção automaticamente.

Eu não lhe disse!

É muito legal ser vencido pelo próprio pé... E não há nada que você possa fazer!

(Autor Desconhecido)

DISCURSO SEM A LETRA 'A'

Dr. Antônio de Araújo Gomes de Sá Filho

Meus ilustres e digníssimos consórcios, meus senhores,

Por mim, humilde membro que vou ser deste Instituto, eu vos direi sem orgulho em que me oculte: errou no que pretende, perdeu no que colime, esse que de mim muito esperou em prol deste luzido grêmio, que, sem o meu débil concurso, vive com brilho e vence com fulgor.

Sim. Porque eu que neste momento vos dirijo um verbo simples e despretensioso, cumprindo somente o desejo de exprimir o sentimento de júbilo de que me possuo, por ser tido no vosso doce e utilíssimo convívio; no meu viver, quer como homem público, quer como eficiente de um tempo ido, sem dons que me nobilitem, sem luzes que me guiem no presente rumo do futuro; em pouco, em muito pouco mesmo, posso proteger o curso luminoso deste conjunto de homens eminentes, deste grêmio benemérito, por isso que, nem de leve, fulgem em mim resquícios de primor.

Fizestes, escolhendo-me em vosso consórcio, o que só costumo ver nos espíritos superiores e que, por isso mesmo, surtem seus vôos por sobre míseros preconceitos. Eis o motivo por que eu me deixei prender nos elos do vosso gentil convite, e deve dizer-vos, sincero, quem fui, quem sou e quem serei, vencendo o pórtico luminoso deste templo repleto de fulgores.

Quem fui? O débil rebento de um tronco bom, e sobretudo honesto, em cujo viver de espíritos eleitos, só virtudes vi florirem e vícios nem de longe pretenderem prender.

Eduquei-me sob o influxo do bem, e tive por complemento dos meus modestos e humildes genitores, um excelente mestre conhecido de todo vós, que tens disso entre vós erguido mil louvores, que nem lhe pode dizer o seu merecimento entre os velhos, entre os moços e entre os que recebem no presente o brilho do seu espírito seleto, fulgindo como um sol que incide-nos pequeninos cérebros, sequiosos de luz. Do colégio, de que conservo vivo o exemplo do bom e do honesto, fui vencer o tirocínio superior, onde, por muito feliz, entre docentes e condiscípulos, conservei desde o início, ouvindo Filinto, Leovigildo e Guerreiro, um nome sem deslizes, que desgosto me trouxesse, no meio de muitos estudiosos como eu. Tenho por mim neste recinto quem vos pode dizer se me exprimo correto neste ponto.

Depois, colhido o louro de um torneio vencido, penetrei o mundo de ilusões, supondo, ingênuo que fui, fluísse em meu viver, num eterno sorrir. Dentro em pouco, porém, vi que o sorriso nos moços nem sempre é prenúncio de um futuro venturoso e, sim, como prólogo de um sofrer contínuo, de um existir repleto de decepções e mil desgostos sem fim.

Sem que desperte dores no recesso de meu peito ferido, eu vos direi: fúnebre dobre de sinos, ouvido por mim, filho extremoso, pelo espírito desse que me deu o ser e que se foi rumo do céu, morrendo como um justo, entre outros golpes bem fundos, foi o primeiro que me fez sentir os negrores deste mundo em que vivemos. Sofri e sofri muito com o ter perdido meu excelente e nobre genitor. Superior porém eu fui, vencendo os óbices do sentimento, tendo, como tive e felizmente tenho, consorte e filhos, meus enlevos que me impelem, cheio de fé e de vigor, no trilho em que me vou conduzindo neste orbe, rico de dores e pobre, muito pobre mesmo, de momentos bons e felizes como este. Isto é que fui.

Que sou? Um pequenino servo de Têmis que fiz do Direito em si o ponto que em reside o imenso bem dos homens, e que Deus quis fosse tido por nós como virtude de virtudes, e que dele mesmo nos veio por intermédio do conhecimento que todos nós devemos ter direitos e deveres próprios, bem como dos de outrem.

Eu vos disse de princípio que tínheis feito de mim um juízo imerecido, escolhendo-me vosso consórcio. Disse e repito. Como o serdes gentis ergueste-me, um homem simples que sempre fui, nos estos de outro indivíduo, desejoso de ter nome e ter estudos que o elevem, que o dignifiquem, por meio dos conhecimentos científicos, vendo, ouvindo, lendo como se de cérebros sem luz seguissem sem temores, no intuito de vencer. Eis o que sou.

E o que serei? Se fui um zero, como vos disse, hoje sou um número dentre vós que no futuro hei de escrever com imenso orgulho todo meu por me sentir no vosso doce e superior convívio. Flui do meu ser um júbilo incontido, por me ver neste recinto, todo luz, todo belo, todo proveito, como se nesse templo se celebre sob os meus olhos o novo surgir de um sol no meu espírito, sequioso de lumes, que me excite o empenho de viver no centro puro em que me detendes com os fortes grilhões dos vossos profundos conhecimentos.

Tudo eu terei, recebendo de vosso ensino o que deixei de ter em outros tempos, quer porque o desleixo me tolhesse, quer porque inconsciente ou cego que estivesse. E venho beber convosco em fonte cujo espelho reflete os melhores dons contidos nesse sólido, no mesmo berço que Rui, o vinho científico me inebrie o intelecto, sorvendo-o em copos de ouro.

E venho com os olhos fitos nesse horizonte cheio de luz. E

vendo os seus primores, sentindo-lhe os nobres feitos, noto que por isso mesmo, tudo menos eu concorre com seu brilho em benefício desse grêmio, cujos pórticos, neste momento, penetro como sócio. Sinto-me um homem diferente, sinto-me muito bem, como se de mim se fosse um outro eu e o próprio ressurgisse, revivesse sob o influxo poderoso de vossos fecundos empreendimentos.

Meu íntimo sentir, que os vossos sentidos percebem nos breves termos de meu singelo dizer, é tudo o que de sincero reside nos refolhos do meu peito, repleto desse mesmo vigor e nobre volições com que tendes erguido o Instituto Histórico, que de mim pode ter somente fogosos e efusivos elogios. Tendes nisso o meu futuro proceder.

Neste discurso, produto exclusivo de um esforço ingente que despendi, como noviço que sou de vosso culto, vede somente o desígnio que nutri de exprimir os meus sentimentos sem o emprego de um símbolo de todo preciso no modo de dizer e de escrever o que os nossos espíritos concebem e podem produzir.

Quis, tentei e consegui que me ouvísseis por minutos, sem que dissesse o primeiro signo com que se expõe os estilos. Revele-se-me o inepto intento. Perdoe-se-me o estulto propósito. No intuito que tive e bem vedes que o cumpri, louve-se menos em mim o esquisito escopo, que o meu ilustre e glorioso mestre Ernesto C. Ribeiro, que recebe de um seu discípulo, num excêntrico discurso, os meus íntimos encômios, pois dele eu só tenho tido luzes e conselhos com que pudesse ser recebido neste Instituto.

Ele, o emérito cultor do verbo que o celebrizou entre os profundos conhecedores do Português, que encontre no meu gesto o empenho que tive de querer s er-lhe gentil, dizendo-lhe, de público, o muito bem que lhe quero e o sincero respeito que lhe voto.

Consórcios. Sede indulgentes comigo. Recebei-me como se eu fosse um proscrito que buscou o recolhimento deste teto, em que vejo luzindo os espíritos nobres dos conselheiros Torres e muitos outros de escol; do mesmo modo que crio o desejo certo e imperecível de tudo empreender em prol deste Instituto, dos seus benefícios presentes e futuros, do seu brilho eterno, do seu progresso vencedor, do seu indefectível merecimento, do seu luzente fim, do seu destino vigoroso, conhecidos urbi et orbi como sobremodo úteis e por sempre proveitosos. Tenho concluído.

NOTA:

Em nossa discussão continuada sobre como escrever melhor cabe o texto abaixo. Ele ficou perdido durante anos em meu arquivo e o achei por acaso quando procurava por outra coisa. Creio que a maior parte das pessoas nunca ouviu falar dele, e acho que deveria ser de leitura obrigatória nas escolas de jornalismo.

O motivo de ser desconhecido é o fato de seu autor, **Dr. Antônio de Araújo Gomes de Sá Filho**, não ter a mínima importância na memória nacional. Ainda não pesquisei a fundo o que ele fez ou deixou de fazer. O texto é chamado de **"Discurso Sem a Letra A" e foi proferido na posse de Gomes de Sá no Instituto Geográfico da Bahia, em 1918.**

O texto não apenas mostra a riqueza da língua portuguesa, mas também é o fim do duelo de duas mentes privilegiadas: foi o resultado de uma aposta entre **Gomes de Sá e Ruy**

Barbosa. A fonte deste texto é sua publicação na desconhecida revista "Momento Policial ed 28" cuja página eu arranquei quando esperava num barbeiro, na década de 80 do século 20. Não sei se a revista ainda existe, nem sei a data de publicação: devia ter levado a revista inteira...

A gramática de 1918 foi mantida. O texto veio num bloco só sem parágrafos e tomei a liberdade de incluí-los para facilitar. Outras publicações conhecidas: revista Pulso de 29/06/1966. Boa leitura e divulguem essa pérola, principalmente para aqueles que dizem que sabem escrever...

José Roitberg - jornalista

DISCURSO SEM VERBOS - I

D. Antônio de Macedo Costa

"Primeira regra de estilo, uma das principais e porventura a mais esquecida de todas: naturalidade por oposição a afetações ridículas.

Quanto no galarim da fama réu deste delito e quantos oradores, aliás dignos de encômios pelos dotes singulares de seu engenho e imaginação, responsáveis perante a crítica sisuda, pela falta de uma nobre simplicidade de estilo e boleio das frases.

Muita atenção, orador noviço, para este ponto capital.

Nada de ornatos supérfluos, apegados como parasitas ocos a cada palavra: miserável ouropel por cima de pensamentos muitas vezes ocos e sem solidez alguma, só para engano da vista de espíritos superficiais ou de mau gosto. Um brilho fosforescente e um deslumbramento passageiro, como o de um fogo de artifício, tal o único mérito desses campanudos oráculos do púlpito cristão.

Ideias porém sólidas e bem dosadas, ordem rigorosa de raciocínio, doutrinas exatas luculentamente expostas, isso nunca. Não assim Bossuet, os Bourdalouse, os Massilon e todos os outros grandes modelos da eloquência do púlpito do grande século de Luís XIV.

Que nobre simplicidade! Que naturalidade sublime! Que opulenta sobriedade! Qual rio caudaloso por entre margens, ora severa e escarpadas, ora floridas e risonhas, mas sempre formosas de naturalidade, assim o pensamento desses famosos gênios, por entre a frase ora simples, ora mais ornada, sempre porém em relação com o assunto cheio de graças ingênuas, de louçainhas despretensiosas.

A cada um desses grandes gênios o seu merecimento próprio: a Bossuet sobretudo, em suas orações fúnebres, uma grandeza e majestade incomparáveis; ao nosso Vieira, apesar dos seus senões, uma sutileza, uma retentiva e uma fecundidade pasmosa; e assim os mais, cada qual com seus primores e as suas qualidades características, em todos porém a naturalidade e a simplicidade no seu último auge!

A frase sempre límpida, tersa, louçã; o estilo sempre acomodado ao pensamento, modestamente ataviado, sem arrebiques, sem enfeites pretensiosos e ridículos, sem todas essas lentejoulas tão em voga nas épocas de decadência literária.

Mas sobretudo no orador sagrado, no homem do Evangelho, no Ministro de Deus morto na Cruz, nada mais desairoso, em verdade, do que essas afetações de estilo! Ai! Onde aquele espírito dos varões apostólicos, onde aquela abnegação aos vãos ornatos da eloquência do mundo?

Ministros do Altíssimo, culpados desta espécie de profanação da palavra santa! Desgraçados de vós por este abuso tão estranho dos dons de Deus e das graças do nosso divino ministério! Mas nem mais palavra! Sobre desvios como estes, só lágrimas e muitas lágrimas!"

D. Antônio de Macedo Costa (Bahia, 1830-1891) estudou em Paris e doutorou-se em Roma. Teólogo notável, foi bispo no Pará e juntamente com D. Vital de Oliveira (bispo de Olinda) combateu a Maçonaria. Ambos foram presos e anistiados após um ano e meio).

DISCURSO SEM VERBOS - II

Dr. Antônio de Araújo Gomes de Sá Filho

Orgulhosa de si mesma, rica em vocábulos, mais do que rica, poderosa, a língua portuguesa! Por quê?

Vasta, imensurável, capaz de qualquer manejo; ora pronta à subtração de uma letra, como o **a**, ora dócil e obediente à falta de uma partícula importante do estilo, como o verbo.

Entretanto, sempre bela, sempre majestosa. Quer na prosa, como nos ensinamentos de Castilho e Herculano, quer no verso doce ou candente de Guerra Junqueiro ou Castro Alves.

Que de mistérios na sua origem e que de belezas na sua formação!

Que de encantos na sua existência e quanto de importante e transcendente nas suas ligações com as outras línguas do universo!

Que de carinho e doçura em muitas de suas expressões, e que de propriedade, de força, de simbolismo, em um número sem conta de seus termos!

Daí a sua grandeza, a sua importância, o seu valor, até mesmo no conhecimento parcial ou incompleto de suas profundezas, das suas fontes, dos seus segredos, ocultos quais outras gemas de subido valor ou inexauríveis e inestimáveis filões de ouro de lei.

Por isso, ao trabalhador paciente e infatigável no descobrimento de seus mistérios, a recompensa, a paga, o lucro certo em tesouros inesgotáveis.

E bem assim o prazer, a glória do conhecimento e trato com esse idioma comum a dois povos, irmãos em raça, irmãos em origem, quer no passado repleto de veneras e honrarias, quer no presente todo cheio de esperanças em um futuro ainda melhor e mais esplendoroso.

Para quem o convívio íntimo e descerimonioso com essa soberania tão altiva de sua linhagem mais que nobre, tão imponente nos seus foros de fidalga e cortesã?

Para bem poucos, em relação ao número extraordinário de seus vassalos.

A uns, com Camões, Frei Luís de Souza, João de Deus, Vieira, Latino Coelho, Filinto, Bernardes, Eça de Queirós e tantos outros, por índole, inclinação, intuição, gosto, prazer, necessidade, a exploração minuciosa, metódica e circunstanciada da formosura de seus arcanjos, do não aparente de seus opulentos escrínios.

A outros, por desejo imitativo, tendência ao estudo, ou, como eu, por divertimento ou passatempo.

Todos, porém, grandes e pequenos, filólogos ou não, sob o poderio dessa majestade irradiante, útil e proveitosa, imarcescível e benfazeja como a luz do sol.

Dela mil proveitos, dela mil ensinamentos.

Sem ela, para nós, povos latinos, a ignorância de deslumbrantes riquezas, no aconchego, na intimidade dos grandes mestres, desde os séculos remotos até os nossos dias.

Ali, Luís Camões, poeta, guerreiro e mendigo, eterno consultor das análises, superconstrutor da frase tersa, altiloquente cantor dos feitos gloriosos das gentes de Portugal, nos imortais Lusíadas.

E, por que não Bocage, tão grande no seu estilo limpo e nítido, quão livre e soberano, altivo e independente, verdadeiro e conciso na linguagem? No manuseio dos seus livros, a verdade do seu quilate, a expressão sincera do estilista como clássico, e do clássico como escritor.

Depois, Alexandre Herculano, nas fontes abundantes de suas lições na nossa língua; já nas máximas filosóficas de um profundo ensino ao povo, já entre o mais, no transunto fiel de uma paixão humana no peito de um sacerdote, fora da vida real, mas debaixo do grilhão dos olhos de Hermengarda, imagem do sacrifício do orgulho e preconceito de uma raça.

Batalhador audaz e destemido, corajoso e invencível, tanto de homem quanto de fera, em Eurico, o amor inextinguível, e neste livro, em lanço por lanço, o manancial infindável de uma literatura sadia e confortável, pura e boa, agradável e escorreita.

E o grande Camilo Castelo Branco? Em suas obras, o amor e as convenções sociais sempre em luta sem tréguas e sem quartel. Em sua pena, o gládio vingador, a punição constante ao orgulho, sem visos de razão. Em seus assuntos, um grande bem às almas, um enorme prazer aos corações, uma nênia à paixão terrena e infeliz, uma bênção, em suma, à pureza e à sublimidade dos mais sérios e mais caros sentimentos afetivos. Ao mesmo passo, o estudo profundo da nossa língua, o ensino a todos nós, por meio das suas belezas, o encantamento de um estilo todo dele e, por isso mesmo, ao alcance de poucos e longe, muito longe, da imitação de outrem.

Nos nossos dias, ainda lá no velho Portugal, 'sobre a nudez crua da verdade o manto diáfano da fantasia' de Eça de Queirós, o imenso e incomparável escritor contemporâneo; comentador exato dos usos e costumes da gente de sua terra, a par de uma linguagem tão incisiva quão eloquente, tão mordaz quão penetrante, tão expressiva quão forte, e tão em harmonia com os sentimentos desses de lá e também de nós outros, seus irmãos por tantos laços.

Nos seus livros, fiéis espelhos de seu tempo, o caráter de um povo superior e o espírito brilhante de um literato imortal. Nas suas obras a lição, a crítica sensata e ferina, a postergação ao vício, o aniquilamento do fútil, do hipócrita, na folhagem de falsa competência ou na veste da honestidade bastarda, à luz diamantina do verdadeiro e impassível julgamento dos homens, como ele, superiores no critério e formidáveis na razão.

E, sobre todos, vivos ou mortos, poetas ou prosadores, de mim para comigo, Guerra Junqueiro, o rei da poesia, o sábio, enfim, quer na doçura comovente dos versos de Fiel, do causticante O Melro, na cadência suave da Musa em férias, na delicadeza cativante dos Simples, nas duras verdades da Morte de D. João, na pungitiva comoção da A Lágrima, na contrição das orações à Luz, ao Pão e ao Vinho, e tudo o mais desse autor da Pátria e tantos outros trabalhos de psicologia em rimas de ferro em brasa ou sopro ameno da brisa ciciante.

Entre nós, tanto na prosa quanto no verso, ora um poeta sublime como Gonçalves Dias, colosso na expressão de Vieira de Castro; ora um condoreiro incomparável como Castro Alves, o cantor dos escravos, eterno nas Espumas Flutuantes, na Cachoeira de Paulo Afonso, na Ode ao 2 de Julho, ou no Navio Negreiro, em tudo finalmente, derivante de um cérebro ainda em flor e tão cedo cadáver, mas sempre o mesmo grandioso lírico da falange heroica da última geração.

Ora, um Álvares de Azevedo, como o outro, flor em pó aos verdes anos, célebre nas Noites da Taverna, ou na expressão em face à morte: "Que fatalidade, meu Pai!". Excesso de talento contra o excesso de vida, resultado de seiva em demasia em mente pouco sã, ausência de equilíbrio natural decorrente do método ou meio de vida necessários à conservação da existência de um homem não comum, em Álvares de Azevedo, uma das mais lídimas esperanças da literatura nacional.

Ora, um Tobias Barreto poeta e doutor, o mestre de direito, o publicista, o humilde músico de filarmônica em sua pequena terra e, mais tarde, o visionário em relação aos tempos atuais do direito internacional, nas fauces hiantes do mais moderno canhão.

Ora, um Laurindo Rebello, embora triste demais; um Casimiro de Abreu; um Gonzaga de Marília, um Fagundes Varella; um Raymundo Corrêa, no voo brando das Pombas, ou no conceito filosófico do Mal Secreto; um Emílio de Menezes, de setas sempre em riste; um Machado de Assis, o grande crítico; e, entre os vivos, os Alberto de Oliveira; Olavo Bilac, o príncipe e o sonhador; Arthur de Salles, o nosso pontífice; Borges dos Reis, lapidário das gemas brasileiras, tradutor incomparável da Musa Francesa; em suma, Roberto Corrêa, tão simples no trato e tão rico de inspiração, como o amiguinho das crianças.

Ora, entre os tribunos dos tempos de nós mais próximos, Victorino Pereira, Cezar Zama, Pedro Americano, Fausto Cardoso, a vítima da política por amor à sua terra, tão pequena em território e tão grande em talentos, e tão feliz com seus filhos de valor.

Na época presente, em primeiro lugar, Rui Barbosa, o sol deste Brasil, defensor tanto na paz quanto na guerra, dos direitos da humanidade sofredora. Advogado dos grandes e dos humildes, dos poderosos e dos fracos. Delegado do nosso pensamento, embaixador do nosso sentimentalismo. Tradutor impecável das nossas aspirações e dos nossos desejos, no concerto dos homens mais eminentes do mundo. Para ele, de nós todos, tudo de melhor nas homenagens, senão, para todos nós o plano inferior da nossa natural e justa veneração. Ao mesmo passo que, em lugar de maior destaque, as Américas, a Europa, o universo, enfim, de braços em atitude amiga e cabeças curvas diante desse vulto tão pequeno no físico e tão grande quanto um Deus.

Para a hora terrível de provações inomináveis da velha e culta Europa, em guerra de extermínio e de conquista, só o verbo inflamável e divino desse nosso Cícero, só a palavra evangélica do maior dos oradores do Brasil. Só a água benta das suas conferências magistrais sobre o direito das gentes na fervura indomável das paixões em ebulição, no fogo aceso das ambições em jogo. Só o conforto de uma palavra como a desse apóstolo do bem, desse missionário da fé, para estímulo dos combatentes, para bálsamo às feridas, para alívio dos mártires e retemperamento da fibra dos defensores impertérritos do sacrossanto pendão das leis da humanidade.

A Rui Barbosa, fiel da balança desta República, filho amado da Bahia, orgulho do Brasil, os meus anelos bonançosos em prol de suas romagens do bem, da justiça, do trabalho e do amor aos fracos sob o poder dos mais fortes.

A nós, o júbilo de uma raça inteira, o entusiasmo de todos os patrícios, olhos fixos no reflexo esplendoroso desse astro de maior grandeza, no azulino céu da pátria brasileira.

De mim, pequeno demais, relativamente à sua imensidade, o culto fervoroso de seu talento, a veneração extrema à sua pessoa, o prazer de suas vitórias retumbantes, uma homenagem simples como esta: seu nome, sua lembrança, num trabalho modesto qual o meu.

Como filólogo, conhecedor profundo da nossa língua, orador fluente e imaginoso, dominador de massas populares, jornalista invencível, jurista excelso e inigualável, de mim, a citação de sua figura estupenda, a referência à sua inconfundível individualidade, para honra deste meu devaneio literário, produto exclusivo da minha paciência e do meu grande esforço.

Agora, um hino aos pés do trono do preclaro mestre Dr. Ernesto Carneiro Ribeiro.

Quem mais senhor das imponências da língua portuguesa que esse sábio preceptor de tantas gerações?

Quem mais conhecedor das sutilezas do nosso belo idioma que esse glorioso arauto de tanto espírito brilhante, de tantos homens eminentes, sempre respeitadores da prata de sua cabeça, da felicidade do seu lar, da sua vida operosa, dos seus esforços ingentes no ensino da mocidade do Brasil?

Ninguém mais do que ele.

Em cada dia da sua labuta educativa em benefício dos estudiosos, mais um fio branco como linho, nos seus nevados cabelos, mais um sulco na sua face austera, mais uma bênção do céu sobre o seu casal, todo amor, todo carinho, todo venturas sem par.

Imortal nos Serões Gramaticais, bem como na célebre discussão do Código Civil; sublime nas suas conferências, qual a última 'Educação e Moral', eletrizante, comovedora, eloquente, profunda e clássica, em todas as suas obras, a rigidez de uma fibra tensa para o ensino, para a convicção por meio dos bons exemplos e dos melhores princípios de sã filosofia.

Sem ofensas a outrem, sem receio dos melindres alheios, para o mestre excelso da nossa língua, quer como o mais perfeito e mais completo investigador dos seus veios de ouro; quer como o maior dirigente de milheiros de estudantes, os meus emboras mais efusivos, os meus aplausos mais sinceros.

Ao tempo em que, de mim, de todos os seus diletos alunos, seus amigos, um voto fervoroso pela conservação de sua vida, tão necessária à família, quão útil e proveitosa à comunhão social.

No seu passado, um lábaro de esperanças na vitória da instrução.

Nas suas obras, um pendão em frente ao povo, como um incentivo na peleja pela conquista de uma carta de a, b, c.

Num pedestal de ouro, tão luzente quão valioso, em relação aos sessenta anos de vida trabalhosa, a figura patriarcal e solene desse ídolo da mocidade, desse homem não comum, o Dr. Ernesto Carneiro Ribeiro.

E muito abaixo da peanha, na planície das coisas vulgares, e, por isso mesmo, pequeninas, a plebe dos manuseadores dos bons livros.

Mais abaixo ainda, na confusão do pó dos poucos conhecimentos, milhares de neófitos como eu.

E para mim, seu nome refulgente, seu alto valimento, como fecho desta minha variedade literária.

Hosanas, mestre!

Hosanas, grande educador!

BAHIA, 1918.

NOTA

Dr. Antônio Araújo Gomes de Sá, autor deste discurso, e do Discurso sem a Letra "A", é avô do médico Guilherme Adami de Sá, meu parente, companheiro de praia e navegação no Atlântico Sul, esquina com Praia de Taperapuã, em Porto Seguro, Bahia, onde o Brasil começou. O primeiro é uma belíssima análise da literatura universal. O segundo foi pronunciado pelo autor em sua posse como membro do Instituto Geográfico e Histórico da Bahia. Guilherme autorizou-me a publicar os antológicos textos.

Fonte: www.amattos.eng.br/curiosidades.

É BOM SABER

A banana não pode reproduzir por si só. Ela só pode ser reproduzida pela mão do homem.

A cada ano, dois milhões de fumantes param de fumar ou morrem de doenças relacionadas com o tabaco.

A cafeína aumenta o poder da aspirina e outros analgésicos, é por isso que é encontrada em alguns medicamentos.

A canção Auld Lang Syne (Muito Tempo Atrás ou Nos Bons e Velhos Tempos, em gaélico da Escócia), escrita por Robert Burns, em 1788, é cantada a meia-noite, em quase todos os países de língua inglesa para celebrar o novo ano. No Brasil, Portugal, França, Espanha, Grécia, Polônia e Alemanha, é uma canção de despedida (Adeus amor eu vou partir...).

A cauda de um cometa aponta sempre para longe do sol.

A letra J não aparece em qualquer lugar da tabela periódica dos elementos.

A língua é o único músculo do corpo que está ligado apenas a uma extremidade.

A Lua se afasta da Terra cerca de dois centímetros por ano.

A saudação militar é um gesto que evoluiu desde os tempos medievais, quando os cavaleiros de armadura levantavam suas máscaras para revelar sua identidade.

A Terra fica 100 toneladas mais pesada a cada dia devido à queda de poeira espacial.

A Universidade do Alaska abrange quatro fusos horários.

A vacina contra a gripe suína em 1976 causou mais mortes e doenças do que a doença pretendia evitar.

A Warner Communications pagou 28.000 mil dólares para os direitos autorais da canção 'Parabéns pra Você'.

Abacates têm calorias mais altas do que qualquer outra fruta: 167 calorias para cada cem gramas.

Aeroportos em altitudes mais elevadas requerem uma pista mais longa, devido à menor densidade do ar.

As pessoas inteligentes têm mais zinco e cobre em seu cabelo.

Beber água depois de comer reduz 61% do ácido na boca.

Devido à gravidade da Terra é impossível montanhas serem mais altas do que 15 mil metros.

Mickey Mouse é conhecido como "Topolino", na Itália.

Morangos são os únicos frutos cujas sementes crescem na parte exterior.

Na Grécia antiga, jogar uma maçã a uma mulher era uma proposta de casamento. Pegá-la significava aceitação.

Nos tempos antigos estranhos apertavam as mãos para mostrar que estavam desarmados.

Nove em cada dez seres vivos vivem no oceano.

O barulho que ouvimos quando colocamos uma concha junto ao nosso ouvido não é o oceano, mas sim o som do sangue correndo nas veias da orelha.

O dente é a única parte do corpo humano que não pode se curar ou regenerar.

O óleo de amendoim é usado para cozinhar em submarinos, porque não solta fumaça a menos que seja aquecido acima de 450F ou 232C.

O ouro é o único metal que não enferruja, mesmo estando enterrado no solo por milhares de anos.

O vidro demora um milhão de anos para se decompor, o que significa que nunca se desgasta e pode ser reciclado um número infinito de vezes!

Para cada kg adicional de carga em um voo espacial, 530 kg adicionais de combustível são necessários para decolagem.

Pipas foram utilizadas na Guerra Civil Americana para entregar cartas e jornais.

Quando uma pessoa morre, a audição é o último sentido a desaparecer. O primeiro sentido perdido é a visão.

Se você estiver no fundo de um poço ou embaixo de uma chaminé alta e olhar para cima, você verá as estrelas, mesmo estando no meio do dia.

Se você parar de ficar com sede, você precisa beber mais água. Quando o corpo humano está desidratado, o mecanismo de sede é desligado.

Soldados em formação não podem marchar quando atravessam pontes, porque poderiam criar vibração suficiente para derrubar a ponte.

Tudo pesa um por cento menos no equador.

Zero é o único número que não pode ser representado por algarismos romanos.

(Autor Desconhecido)

EUSKERA, A LÍNGUA BASCA

Por euskaro (do basco "euskara, euskera", língua basca) compreende-se o Basco, o Aquitânio e o Ibero (língua falada na península ibérica). A mais importante, e ainda falada no norte da Espanha e Sul da França (região dos Pirineus e baía de Biscaia), é o Basco ou Euskaro. O primeiro livro em Basco de que se tem notícia data de 1545, mas os mais antigos documentos dessa língua remontam ao século X.

O Basco é uma língua aglutinante cujo domínio se estende pelo País Basco Espanhol (províncias de Álava, Biscaia e Guipúzcoa) e Navarra; Na França abrange as regiões de Labourd, Baixa Navarra e Soule. São conhecidos **oito** dialetos bascos:

Espanha – A língua é chamada Vasconço ou Euskera e compreende três dialetos: Alto Navarrês Meridional, Alto-Navarrês Setentrional e Guipuzcoano;

França – A língua tem duas denominações: Basco Francês ou Navarro-Laburdino e Soletano. Compreende cinco dialetos: Baixo Navarrês (Benaffarera), Laburdino Costa, Laburdino Interior e Navarro-Laburdino. O Soletano, também chamado Souletin, Souletino, Suletino, Xiberorera, Zuberoera ou Suberoan, é usado em Bayone e Soule (Prov. Pyrénées Atlantiques).

O Basco unificado ou "Euskara batua" tende a destacar-se com a combinação entre o Guipuzcoano - mais usado na Espanha - e o Navarro-Laburdino, língua de referência no País Basco Francês.

De todas as línguas ainda utilizadas, o Basco pode ser a mais difícil de aprender, já que não se relaciona a qualquer outra língua na Terra, com a exceção de um pequeno bolsão linguístico nas montanhas do Cáucaso. É provável que o Basco seja um remanescente de uma língua do tempo das cavernas, falada antes que as geleiras cobrissem grandes trechos do hemisfério norte. Sua estrutura e seu vocabulário são extremamente difíceis.

O **Ibero** dispõe de poucos documentos e parece certo afirmar que essa língua, falada na costa mediterrânea da Espanha e no sudoeste da França, se relaciona ao Euskaro pelas coincidências que apresenta no que toca ao inventário dos fonemas, à forma canônica dos temas nominais e mesmo no que se refere aos elementos gramaticais. Entretanto, estudos mais recentes classificam o Ibero como uma língua de filiação duvidosa e de provável origem africana - camítica, possivelmente.

Hoje parece desfeita a identidade com o basco, suposta por alguns linguistas.

"Um basco não é espanhol nem francês, é um basco" - Victor Hugo, escritor francês (1802-1885);

"A língua basca é o desespero dos eruditos e a mais misteriosa de todas as línguas conhecidas" - Aldous Huxley, escritor inglês (1894-1963).

Amostra de texto

Basco:

Gizon-emakume guztiak aske jaiotzen dira, duintasun eta eskubide berberak dituztela; eta ezaguera eta kontzientzia dutenez gero, elkarren artean senide legez jokatu beharra dute.

Português:

Todos os seres humanos nascem livres e iguais em dignidade e direitos. São providos de razão e consciência e devem agir uns em relação aos outros num espírito de fraternidade.

Fontes:

-Wikipédia
-A Aventura das Línguas no Ocidente - Henriette Walter.
-As Línguas do Mundo - Charles Berlitz.

FILOSOFIA DE ESTRADA

(Frases de para-choques de caminhão)

A defesa do boi é a tristeza do homem.
A esperança é o sonho do homem acordado.
A mata é virgem porque o vento é fresco.
A única mulher que andou na linha o trem pegou.
Alegria de poste é estar no mato sem cachorro.
Amor é como fumaça: sufoca, mas passa.
Antes de ferir meu coração lembre-se de que você está dentro dele.
Antes eu sonhava... Agora nem durmo mais.
As suas curvas perigosas se transformaram em desvios abandonados.
Até hoje a única mulher que me fez chorar foi de rir.
Burro não amansa, acostuma.
Cada estrada tem seu barranco; cada mulher tem seu encanto.
Calúnia é igual a carvão: quando não queima, suja.
Chifre é só mais uma coisa que colocaram em sua cabeça.
Desculpa de chifrudo é bebê de proveta.
Detesto enterros. Não irei nem no meu.
Dinheiro e mulher bonita só vejo na mão dos outros.
Direito tem quem direito anda.
Dirijo com cuidado para não deixar chorando quem me espera sorrindo.
É muito bom ser importante, mas o importante mesmo é ser bom.
Em rio de piranha jacaré nada de costas.
Espero que minha mulher não morra viúva.
Eu sou U 1000 D.
Existo porque insisto.
Farol alto na cara é igual mulher gritando no ouvido.
Feliz foi Adão que não teve sogra nem caminhão.

Mais perigoso que um cavalo na estrada é um burro no volante.
Mais valem as lágrimas da derrota que a vergonha de não ter lutado.
Minha sogra caiu do céu... A vassoura não aguentou o peso da velha.
Mulher não tem cabeça, tem extremidade falante.
Não leve a vida muito a sério. Você nunca vai sair vivo dela.
Não me inveje, trabalhe.
Não pare no caminho do bem.
Não tenho tudo que amo, mas amo tudo que tenho.
Não vou tão bem como quero nem tão mal quanto pensam.
Nas curvas do teu corpo capotei meu coração.
Nem sempre Deus chega no momento que mais queremos. Mas uma coisa é certa: Ele nunca chega tarde.
No baralho da vida encontrei apenas uma dama.
No fim tudo dá certo. Se não deu é porque não chegou ao fim.
Nosso amor virou cinza depois de saber que seu passado era fogo.
Noventa por cento da beleza feminina sai com água e sabão.
O dinheiro é um excelente escravo, mas um péssimo patrão.
O que não tem solução solucionado está.
O sol nasce para todos e a sombra para quem merece.
O tolo e o dinheiro logo se separam.
O touro se pega pelos chifres, o homem pela palavra e a mulher pelo elogio.
O verdadeiro motivo da guerra entre árabes e judeus: juros além...
Para quem está se afogando jacaré é tronco.
Pobre quando põe a mão no bolso só tira cinco dedos.
Pobreza não é defeito, mas atrapalha um pouco na hora das compras.
Poeira é vitamina de caminhoneiro.
Por uma morena escovo urubu até ficar branco.

Preguiça é o hábito de descansar antes de estar cansado.
Quando Lampião era vivo ninguém cantava Maria Bonita.
Quem dorme ao volante acorda no céu.
Saiba ir para poder voltar.
Saiba sofrer sorrindo para fazer sorrir os que sofrem.
Se tamanho fosse documento, o elefante seria dono do circo.
Se ferradura desse sorte, cavalo não puxaria carroça.
Se me virem abraçado com mulher feia, podem apartar que é briga.
Se não houvesse distância não haveria saudade.
Se você está com pressa, por que não veio antes?
Seja paciente na estrada para não ser paciente no hospital.
Senhor, dê-me paciência... Mas tem que ser já!
Ser ou não ser: decida-se logo.
Só não erra quem não faz nada.
Sogra: você ainda vai ter uma.
Sou grande porque respeito os pequenos.
Amo-te, disse ela gentil. Mas acontece, caro amigo, que era primeiro de abril.
Amo-te mais que ontem e menos que amanhã.
Tem sogra que é um anjo, mas a minha ainda está viva.
Um homem preguiçoso é um relógio sem corda.
Vencer não importa. O importante é humilhar o adversário.
Viajo porque preciso. Volto porque te amo.

(Autor Desconhecido)

LÍNGUAS MORTAS E EXTINTAS

LINGUAS ASIÁTICAS E MEDITERRÂNEAS - Pela grande dificuldade que têm encontrando os linguistas no estudo das línguas asiáticas, ainda não foi possível fazer delas uma classificação genealógica. O critério utilizado para sua classificação é predominantemente geográfico, não implicando nem excluindo parentesco ente elas. O único traço comum que apresentam é o de terem sido faladas na antiga Ásia Menor. Às línguas asiáticas juntam-se as línguas pré-helênicas do Mediterrâneo oriental.

São todas línguas mortas, das quais não se sabem sequer os limites geográficos ou o número de falantes. Nem mesmo se pode precisar a época de sua extinção; calcula-se apenas que se tenha dado no começo da Era Cristã ou pouco mais tarde. Os textos decifrados ou interpretados são reduzidos e pouco informativos. Não se conhecem ainda todas as línguas nem se pode afirmar que todas tenham sido escritas.

1. **LÍNGUAS ASIÁTICAS** - Para facilidade do estudo, faz-se uso de critério histórico que permite classificar as línguas asiáticas em duas categorias:

Grupo A - Línguas com escrita cuneiforme;

Grupo B - Línguas com alfabeto grego ou escrita dele derivada.

1.1 - **GRUPO A**

-SUMERIANO - É a mais antiga língua escrita da humanidade. Pelo menos desde o V milênio a.C., os sumérios se localizavam entre Babilônia e o Golfo Pérsico. Foram os inventores da escrita cuneiforme, que eles mesmos desenvolveram através dos séculos, grafando em numerosos monumentos, passando dos primeiros pictográficos até um sistema mais elaborado de escrita, que transmitiram aos assírios e babilônios. Os sumérios parecem povos isolados na história e a sua língua não tem parentesco conhecido.

-ELAMITA - Língua de um povo que, na Antiguidade, habitava a região montanhosa que se estende do planalto mesopotâmico ao planalto iraniano, compreendendo os Zagros, o Luristão e o Kusistão atuais. O mais antigo documento nessa língua é uma escrita figurativa do III milênio a.C. Depois vêm as inscrições cuneiformes (séculos XVI a VIII a.C.) e, de um período ainda posterior, o do império aquemênida (séc. V e IV). Apesar do grande número de testemunhos, muitos traços do elamita permanecem ainda obscuros. Sem parentesco conhecido.

-CASSITA - Povo vizinho dos elamitas, os cassitas existiram entre os séculos XVI e X a.C. Da sua língua restam apenas alguns nomes próprios e algumas palavras traduzidas em acadiano.

-HALDI - Aparentado ao Hurri, é a língua Pré-indo-europeia da Armênia. O reino de Haldi durou do século IX ao VII a.C. quando, em 640 a.C., se submeteu a Assurbanipal e perdeu a independência. Desse período datam os documentos escritos da língua: duzentas inscrições ainda não totalmente decifradas.

-HATTI - Falado no país de Hatti no III milênio a.C., desapareceu com a invasão dos hititas, de língua indo-europeia. É uma das mais antigas línguas da Ásia Menor, conhecida por numerosos textos e fragmentos religiosos nos arquivos de Boghaz-Köy.

-HURRI - Aparentado ao Haldi, língua do país que os assírios chamaram de Sybartu, ao norte de Acad e de que se teve primeiramente notícia por intermédio de uma carta do rei de Mitani, a noroeste da Mesopotâmia, encontrada em Tel-el-Amarna, Egito. Seu uso parece ter-se estendido da Mesopotâmia e da região de Kirkuk até a Síria entre o III e II milênio a.C. Os documentos provêm, em sua maioria, dos arquivos de Boghaz-Köy.

Conhecem-se, também, seis textos poéticos e religiosos, um vocabulário sumero-hurri e muitos outros fragmentos datados de aproximadamente 1500 a.C., escritos em alfabeto cuneiforme sem vocalização.

1.2 - **GRUPO B**

-CARIANO - Língua dos carianos, que deixaram 76 inscrições e grafitos muito curtos encontradas, em sua maioria, no Egito, onde numerosos mercenários carianos estiveram a serviço de Psamético I e Psamético II, entre 663 e 589 a.C. Sua escrita, cujo alfabeto é uma mistura do alfabeto grego ocidental e de símbolos do tipo cipriótico, se fazia indistintamente da esquerda para a direita e vice-versa.

-MÍSIO - O único vestígio dessa língua parece ser uma inscrição do século V a.C., encontrada a oeste de Kotiaeíon, em alfabeto grego.

-PSÍDIO - Nome hipotético dado a um conjunto de l6 pequenas inscrições encontradas perto da vila de Sofular, no território da Psídia antiga. São todos grafados em alfabeto grego da época imperial.

Alguns estudiosos incluem o *Lídio* e o *Lício* (Grupo Anatoliano de línguas indo-europeias) neste grupo asiático de línguas ainda não classificadas em famílias.

2. LÍNGUAS MEDITERRÂNEAS

-ETEOCRETENSE - Língua da civilização cretense da Antiguidade que deixou mais de 1600 tabletes com inscrições, encontrados em Cnossos e Mália; algumas dessas inscrições pertencem ao II milênio a.C. e apresentam-se em caracteres hieroglíficos e outras numa escrita linear de 2 tipos que se convencionou chamar de "tipo A" e "tipo B". São escritas indiferentemente da esquerda para a direita e vice-versa. O eteocretense ainda não foi totalmente decifrado e pouca coisa se pode dizer de sua natureza e estrutura.

-ETEOCIPRIOTA - Língua da Ilha de Chipre antes da invasão helênica, apresentando uma escrita silábica em oito pequenas inscrições atribuída ao século IV a.C. A língua é ainda pouco conhecida, e nada se pode afirmar a respeito de seu parentesco com qualquer outra.

-ETRUSCO - A própria origem do povo etrusco é questão que suscita divergências entre os estudiosos, dividindo-os em dois grupos: de um lado os que acreditam que os etruscos são povos autóctones da Etrúria e, de outro, os que supõem que os etruscos vieram da Ásia Menor. Sua civilização conheceu um período de grandeza, que vai do século VII ao IV a.C., quando, após haverem dominado Roma por curto prazo, foram por ela vencidos, sendo suas cidades incorporadas ao império romano e submetidas a instituições novas.

Os documentos etruscos de que se dispõe são, em sua maioria, breves inscrições funerárias, que poucos dados fornecem para um estudo mais profundo da língua. Alguns estudiosos ligam o etrusco ao indo-europeu, outros lhe negam qualquer parentesco com línguas conhecidas.

Praticamente tudo o que se sabe do etrusco foi conseguido através do "Método Combinatório", que consiste na interpretação das palavras, dos seus sentidos e das suas funções pelo estudo exclusivo do próprio texto, separando, por princípio, todas as relações com outras línguas. O alfabeto etrusco meridional deriva de um alfabeto grego semelhante ao de Corinto, escrito sem separação de palavras.

Estudos recentes, apoiados na arqueologia, permitem estabelecer um processo evolutivo muito lento, mas contínuo das culturas pré e proto-históricas da região. Os etruscos manifestaram-se, sobretudo, na Toscana, que conserva a lembrança de seu nome (Tusci; Etrusci, para os latinos); eles mesmos se denominavam "rasenas" ou "tirrenos".

Incluem-se, também, no grupo de línguas asiáticas e mediterrâneas três outras línguas ainda não identificadas, reveladas apenas por documentos descobertos em Mojen-Daro (bacia do Rio Indo), em Ordek-Burnu (fronteira da Síria com a Cilícia) e em Biblos.

BIBLIOGRAFIA:

A Aventura das Línguas no Ocidente - Henriette Walter
As Línguas do Mundo - Charles Berlitz
Dicionário de Linguística - Jean Dubois e outros.
Enciclopédia Larousse.
Enciclopédia Mirador Internacional - Vol. 13

Geografia Ilustrada - Editora Abril - Seção Europa
Pontos de Gramática Histórica - Ismael Lima Coutinho
Português Prático - José Marques da Cruz

LINGUAS ROMÂNICAS OU NEOLATINAS

GRUPO - ITÁLICO
FAMÍLIA - LÍNGUAS INDO-EUROPEIAS

1 - Idiomas Balcano-romanos
Romeno e Dalmático - e dialetos;

2 - Idiomas Galo-romanos
Dialetos do Norte da Itália, exceto os falares vênetos, Francês, Línguas d'Oil, Línguas d'Oc (Norte, Médio e Sul Occitanas), Provençal propriamente dito, Franco-Provençal - e dialetos;

3 - Idiomas Ibero-romanos
Aragonês, Asturiano-Leonês, Castelhano, Catalão, Galego, Português - e dialetos;

4 - Idiomas Ítalo-romanos
Sardo e dialetos; Italiano e dialetos do centro e sul da Itália, inclusive o corso, e dialetos setentrionais vênetos da Itália;

5 - Idiomas Reto-romanos
Rético e dialetos (Suíça e Norte da Itália) - Abrange três grupos dialetais:

1-Grupo Ocidental ou Grisões - Romanche, com cinco variedades dialetais (Suíça: Grisões e Engadino);

2-Grupo Ladino ou Central - Ladino Dolomítico (cinco variedades), Ladino Comélico, Ladino Cadorino, Ladino-Vêneto (Agordino, Zoldano e Baixo-Cadorino - (Norte da Itália: Bolzano, Trento e Belluno);

3-Grupo Oriental ou Friul: Friulano (Províncias de Udine, Pordenone e Gorízia - Norte da Itália), com influências venezianas, alemãs e eslavas (esloveno);

6-Idiomas Iliro-Romanos - Istrioto e dialetos (em número de seis) - Ístria Ocidental (Croácia).

Observações:

Na Itália, as línguas galo-romanas (norte) e ítalo-romanas (centro e sul) estão separadas pela linha que vai de La Spezia (Ligúria) a Rimini (Emília Romana);

Na França, as línguas d'Oil e d'OC estão separadas pela linha que vai de Poitiers (Poitou-Charente - Dep. Vienne) a Grenoble (Dauphiné - Dep. Isére);

O Franco-Provençal - constituído por dialetos intermediários entre as línguas Occitanas e d'Oil - abrange a região que vai de Forez a Savóia (França), Val d'Aosta (Itália), Suíça Românica e parte ocidental do Piemonte (Itália);

Alguns estudiosos entendem ser correto desligar o Provençal da Galo-Romãnia e aproximá-lo do Catalão, do Aragonês e do Gascão, constituindo os quatro falares do Grupo Pirenaico.

-O termo Iliro-Romano foi utilizado por Pier G. Goidonich para denominação comum dos falares Istriotos, considerados Pré-vênetos.

RELAÇÃO DE LÍNGUAS E DIALETOS

ABRUZZESE - Abruzzi, Itália - abrange o molisano, o abruzzese setentrional, o abruzzese oriental e o abruzzese meridional - Idioma Ítalo-Romano;

AIGUAVIVAN - Dialeto catalão norte-ocidental - Catalunha, Espanha - Idioma Ibero-Romano;

ALGHERESE - Dialeto catalão da comunidade de Alghero, Sardenha (Itália) - Idioma Ibero-Romano;

ALTO-NORMANDO - Alta-Normandia, França - Zona d'Oil, Norte. Compreende os dialetos contentinês, cauchês e augerês - Idioma Galo-Romano;

ANDALUZ - Dialeto castelhano da Andaluzia, Sul da Espanha - Idioma Ibero-Romano;

ANGEVINO - Anjou, França - Abrange o poitevino (Poitou), o tourangeau (Touraine) e o saintongês (Saintonge) - Zona d'Oil, Oeste - Idioma Galo-Romano;

ANGLO-NORMANDO - Ilhas Anglo-Normandas - Guernsey, Sark, Aldorsey - compreende os dialetos: jersiês, sarquiês, guernesiês e aurenês - Zona d'Oil, Oeste - Idioma Galo-Romano;

ANSO OU ANSOTANO - Dialeto aragonês dos Altos vales dos Pirineus, Espanha - Idioma Ibero-Romano;

APULIANO - Apúlia e Molise, Itália - Abrange o capitanetês e o barês - Idioma Ítalo-Romano;

ARAGONÊS OU ALTO-ARAGONÊS - Aragão (Província de Huesca, Espanha) - Compreende os seguintes grupos dialetais:

1-Aragonês Ocidental: ansotano ou anso, echo, cheso;

2-Aragonês Central: belsetan, chistabino, tensino, pandicuto e bergotês;

3-Aragonês Oriental: benasquês, grausino, ribargozano, fobano e chistabino;

4-Aragonês Meridional: ayerbense e semontanês - Idioma Ibero-Romano;

Observação - difere do aragonês, um dialeto castelhano, também falado em Aragão.

ARAGONÊS - Dialeto castelhano de Aragão, Espanha - difere do aragonês ou alto-aragonês, embora seja muito influenciado por este - Idioma Ibero-Romano;

ARANÊS – Língua Oficial do Vale de Aran, Espanha - é uma variedade de gascão, língua occitana - Reúne os seguintes subdialetos: baixo-Aranês; mijarenês aranês e alto Aranês - Zona d'Oc, Médio Occitana – Idioma Galo-Romano;

ARBORENSE - Dialeto sardo-campidanês - Sul da Ilha de Sardenha - Idioma Ítalo-Romano;

ARIGEOIS - Dialeto gascão do sudoeste da França - Zona d'OC médio occitana - Idioma Galo-Romano;

AROMENO OU ARUMENO OU MÁCEDO-ROMENO - Dialeto romeno da Tessália, Oeste e Noroeste de Tessalônica (Grécia), Macedônia, Bósnia, sul da Bulgária e Albânia - Idioma Balcano-Romano;

ASTURIANO-LEONÊS - Astúrias e Leão (Espanha); em Portugal compreende os dialetos: riodonorês, guadramilês, mirandês e sendinês (este último é uma variante do mirandês) - Os demais dialetos se distribuem em três grupos:

Ocidental, Central ou Bable e Oriental - Idioma Ibero-Romano;

AUVERNÊS - Auvergne, França - Zona d'Oc Norte Occitana - Dialetos: alto-auvernês e baixo-auvernês - Idioma Galo-Romano;

AYERBENSE - Dialeto aragonês meridional - Aragão, Espanha - Idioma Ibero-Romano;

BAIXO-LANGUEDOCIANO - Dialeto languedociano da região de Montpellier, França - Zona d'Oc Sul Occitana - Idioma Galo-Romano;

BAIXO-NORMANDO - Baixa Normandia (sul da linha de Joret), França - Zona d'Oil Oeste - Idioma Galo-Romano;

BARBARICINO - Dialeto sardo-logudurês central - Região central da Sardenha - Idioma Ítalo-Romano;

BEARNÊS - Béarn, França - Zona d'Oc Médio Occitana, próximo ao gascão. Há quem o considere língua à parte - Idioma Galo-Romano;

BENASQUÊS - Dialeto aragonês oriental - Aragão, Espanha - Considerado como de transição entre o alto-aragonês e o catalão. Idioma Ibero-Romano;

BERGOTÊS - Dialeto aragonês central - Aragão, Espanha - Idioma Ibero-Romano;

BERRICHÃO - Berry, França - Zona d'Oil, Centro - Idioma Galo-Romano;

BIZIACCO - Dialeto vêneto de oito comunidades da Província de Gorízia (Região Autônoma de Friuli-Venezia Giulia, Itália) - Idioma Ítalo-Romano;

BORGUINHÃO ou MORVANDIÊS - Borgonha, França - Zona d'Oil Leste - Idioma Galo-Romano;

BOURBONÊS - Bourbonnais, França - Zona d'Oil Leste - Idioma Galo-Romano;

CALABRÊS - Calábria, Itália - grupo Siciliano-Calabrês - Compreende os falares calabrês meridional e calabrês lucano setentrional - Idioma Ítalo-Romano;

CALIARI OU CALIARITANO - Dialeto sardo-campidanês de Caliari, sul da Ilha de Sardenha - Idioma Ítalo-Romano;

CAMPANO-LUCANO - Região da Lucânia, Parte do Lácio e Basilicata, Itália - Abrange os dialetos benevitano, lucano, napolitano, salernitano e terra de trabalho - Idioma Ítalo-Romano;

CAMPENÊS - Champagne (França) e sul da Província de Namur (sul da Bélgica) - compreende diversos falares, entre os quais o ardennais e o sugny - Zona d'Oil Centro - Idioma Galo-Romano;

CAMPIDANÊS OU CAMPIDÊS OU SARDO DO SUL - Sardenha, Itália - Dialeto sardo usado no sul da Ilha da Sardenha. Compreende os seguintes falares: caliari ou caliaritano, arborense, sub-barbaricino, campidanês ocidental, campidanês central, ogliastrino, sulcitano, meridional e sarrabense - Idioma Ítalo-Romano;

CASTELHANO OU ESPANHOL - Espanha, América Latina, Filipinas, Guiné Equatorial, Andorra - Idioma Ibero-Romano - Na Espanha abrange os Dialetos: andaluz, aragonês, leonês, montares, murciano, navarrês, riojano e soriano (este com influências bascas, riojanas e aragonesas) - Idioma Ibero-Romano.

Observação - O dialeto castelhano aragonês difere do idioma chamado aragonês ou alto-aragonês, língua ibero-romana próxima do catalão.

CALÔ, GITANO OU IBERO-ROMANI - Língua dos ciganos, sem território. Falada em Portugal, Espanha, França, América Latina: calô espanhol, calô português, calô catalão, calô basco e calô brasileiro - Uma mistura de Idiomas Ibero-Romanos e Indo-Arianos;

CATALÃO - Catalunha, faixa oriental aragonesa, Valência, região de Carches (Múrcia) e Ilhas Baleares (Espanha); Andorra; Alghero (Sardenha) e Roussillon (França) - Abrange os dialetos:

1-Catalão Setentrional: capcinês e roussillonês;

2-Valenciano: alicantino, apitxat, castellonense maestrat, matarranês, tortosino;

3-Catalão Insular ou Baleárico: eivissenc maiorquino e minorquino;

4-Catalão Central: barcelonês, salat, tarragonês e xipella;

5-Catalão Norte-Ocidental: aiguavivan, lleidata, pallarese e ribagorçan.

A esses podemos acrescentar o algherese (falado em uma comunidade da Ilha de Sardenha, Itália, de nome Alghero) - O Catalão é um idioma intermediário entre o Galo-Romano e o Ibero-Romano;

CELLE S. VITO - Dialeto franco-provençal de Celle S. Vito, Província de Foggia, Itália - Idioma Galo-Romano;

CHESO - Dialeto ocidental aragonês - Aragão, Espanha - Idioma Ibero-Romano;

CHISTABINO - Dialeto aragonês central e oriental - Aragão, Espanha - Idioma Ibero-Romano;

BELSETAN - Dialeto aragonês central - Aragão, Espanha - Idioma Ibero-Romano;

CORSO - Grupo de dialetos toscanos da Ilha de Córsega (salvo nas comunidades de Bonifácio e Calci, onde se fala o dialeto lígure Tabarquino), França. Compreende o Corso Cismontano Ocidental, o Corso Cismontano Oriental (dialetos: sartenês, vico-ajácio e Venaco) e o Corso Setentrional (dialetos de Cape, Cors e Bastia) - Idioma Ítalo-Romano;

CORSO SETENTRIONAL - Dialeto corso - Ilha de Córsega, França - Abrange os falares de Cape, Cors e Bastia - Idioma Ítalo-Romano;

DALMÁTICO - Língua morta, outrora falada na Região da Dalmácia (hoje parte da Croácia) - Dialetos: Ragusano e Velhoto - Idioma intermediário entre o grupo Ítalo-Romano e o grupo Balcano-Romano;

DELFINÊS OU DRÔMOIS - Provençal de Dauphiné, França, às margens da Provença propriamente dita, na maior parte do Departamento de Drôme, isto é, em Diois e Valentinois - Zona d'Oc norte occitana - Idioma Galo-Romano;

EIVISSENC - Dialeto catalão-baleárico da Ilha de Ibiza (Ilhas Baleares) - Ibero-Romano;

EMILIANO-ROMAGNOL - Emilia-Romana e Marcas, Itália - Abrange quatro grupos dialetais:

1-Emiliano Ocidental: Bobbiese, Borgotarês, Lunigiano (intermediário entre falares emilianos ocidentais e falares toscanos), Parmigiago, Piacentino, Velenzano e Vogherese-Pavese;

2-Emiliano Central: Bolonhês, Frignanese, Modenês e Reggiano;

3-Emiliano Oriental ou Romanholo: Cesenate, Faentino, Forlivês, Imolês, Ravennate, Riminês, Romanhês ou Romagnol e Samarinês;

4-Emiliano Valligiano: ferrarês, guastalês, mantovano e mirandolês - Idioma Galo-Romano;

ENGADINO - Dialeto Rético Ocidental da região do Engadino (Vale do Inn), Suíça, com duas variedades: Alto e Baixo Engadino (compreende os dialetos: putèr, vallader e jauer, este último no Vale de Mustäir) - Idioma Reto-Romano.

EXTREMENHO - Extremadura, Espanha. Compreende o Extremenho Setentrional ou Alto-Extremenho, o Extremenho Central ou Médio Extremenho e o Extremenho Meridional ou Baixo Extremenho - Idioma Ibero-Romano;

ESTREMENHO - Subdialeto Português do Grupo Meridional - Estremadura, Portugal - Idioma Íbero-Romano;

EXTREMENHO-GALAICO OU FALA EXTREMENHA - Dialeto galaico-português - usado no nordeste da Espanha (Galícia), nordeste da Extremadura Espanhola - Vale de Xalima ou Vale do rio Ellas - cidades de Valverde de Fresno,

As Ellas e S. Martin de Trevejo. Compreende os dialetos valvideiru, manegu e lagarteiru - Idioma Ibero-Romano.

FAETAR - Dialeto franco-provençal de Faeto, província de Foggia, Itália - Idioma Galo-Romano;

FOBANO - Dialeto aragonês oriental - Aragão, Espanha - Idioma ibero-romano;

FRANCÊS - Língua fundada no dialeto franciano (Île de France e Orleannais) - Oficial da França, EUA (Louisiana), Canadá (Quebec e New Brunswick), vários países da África e Ásia, Bélgica, Luxemburgo, Vale d'Aosta (Itália); Ilha de Jersey (Inglaterra) – Zona d'Oil Centro - Idioma Galo-Romano;

FRANCIANO - Dialeto básico da língua francesa - Zona d'Oil - Centro e Alta-Normandia - Idioma Galo-Romano;

FRANCO-CONDÊS (franc-comtois ou franc-comtois jurassien) - Franco-Condado, França - Dialetos: doubs-ougnon, saône, lomont-doubs, aujoulot, vadais e taignon - Zona d'Oil Leste - Idioma Galo-Romano;

FRANCO-PROVENÇAL

1-Região que vai de Forez a Savóia: lyonnais, norte do Delfinado e parte do Franco-Condado, parte de Forez e Savóia, norte do Departamento de Ardèche, sudoeste do Departamento de Isère. Principais dialetos: bressan, forézien, jurassien meridional, lionês, norte-delfinês, savoiano, savoret, burgodan - Zona do Franco-Provençal, França;

2-Suíça Românica: Cantões de Neuchâtel, Vaud, Genebra, Friburgo, Jura, Lausanne e Valais. Principais dialetos: friburguês, neuchatelês, genebrês, lausanês, valserin, valaisien, valdois

3-Itália: região ocidental do Piemonte; Faeto e Celles S. Vito (Prov. de Foggia); Vale d'Aosta e em partes da Apúlia. Principais dialetos: valdostano, celle s. vito, faetar,

FRIULANO - Províncias de Udine, Pordenone, Gorízia e Cárnia (Região Autônoma de Friuli-Venezia Giulia, Itália) - Conjunto de dialetos ladino-orientais que são reunidos em três grupos: Centro-Oriental, Ocidental e Cárnico. O udinese é a variedade predominante do friulano em Udine - Idioma Reto-Romano;

GALEGO - Galícia e S. Martín de Trevejo (Espanha) - compreende diversos dialetos - Idioma Ibero-Romano;

GALO (GALLO, GALLAIS OU GALLOT) - Alta Bretanha, França - Dialetos: galo-ocidental, galo rennais, galo nantais, galo da Baía de Saint-Michel, galo de Brieron e galo do Loire Sul - Zona d'Oil, Oeste - Idioma Galo-Romano;

GALURÊS OU SARDO GALURÊS - Sardenha, Itália - dialeto sardo do nordeste da Ilha - Idioma Ítalo-Romano;

GASCÃO - Aquitânia (França) - Dialetos: landais (ou parlar negre ou gascão marítimo), ariegeois, gascão norte, gascão interior (ou parlar clar). O aranês é falado no Vale de Aran (Espanha), onde é língua oficial, muito próxima do bearnês. Compreende, também, os dialetos de Bazadais, Albret, Lomagne, Comminges, Couserans e Amargnac - Zona d'Oc Médio Occitana - Idioma Galo-Romano;

GENOVÊS OU LIGUR - Ligúria e nas ilhas situadas no extremo sul ocidental da Sardenha, Itália (Sulcis, San Pietro e San Antiocho - onde o dialeto tem o nome particular de tabarquino); Mônaco (monegasco) - Idioma Galo-Romano;

GRADENSE - Ou dialeto vêneto de Grado - Província de Udine (Região Autônoma de Friuli-Venezia Giulia, Itália) - Idioma Ítalo-Romano;

GRAUSINO - Dialeto aragonês oriental - Aragão, Espanha - Idioma Ibero-Romano;

GUIENÊS - Aquitânia, França - Zona d'Oc Sul Occitana, ligado ao languedociano - Idioma Galo-Romano;

HECHO ou ECHO - Dialeto aragonês dos altos vales dos Pirineus, norte da Espanha - Idioma Ibero-Romano;

ÍSTRIO-ROMENO - Dialeto romeno da Península da Ístria, Croácia - Idioma Balcano-Romano;

ÍSTRIO-VÊNETO - Dialeto vêneto da Península da Ístria, Croácia - Língua Ítalo-Romana do Grupo Setentrional/substrato vêneto;

ISTRIOTO - Ístria sul ocidental, Croácia, mais próximo do italiano e do vêneto que do Ladino, porém um idioma bastante particular, considerado Pré-vêneto ou Ilírio-Itálico. Compreende os seguintes dialetos: vallese, dignanese ou bumbaro, rovignese, sissanese, fasananese e gallesanese, falados nas comunidades de Valle, Dignano, Rovigno, Sissano, Fasano e Gallesano, respectivamente;

ITALIANO OU TOSCANO LITERÁRIO - Língua oficial da Itália, fundada no dialeto toscano de Siena, mas com pronúncia romana (daí a expressão "Língua toscana em boca romana") - Itália, San Marino e Suíça Italiana - Idioma Ítalo-Romano;

JERSIÊS - Dialeto anglo-normando da Ilha de Jersey, Inglaterra - Zona d'Oil Oeste - Idioma Galo-Romano;

JUDEU-ITALIANO - Mescla de Italiano e Hebraico, usada em família, clube e escolas (fora das classes) - Idioma Ítalo-Romano;

LADINO OU RÉTICO CENTRAL - Norte da Itália (Regiões de: Trentino Alto-Ádge e Vêneto) - Conjunto de falares réticos do grupo Ladino ou Central - Abrange os dialetos:

1-Ladino Anaunico (nonese e solandro);

2-Ladino Comélico (comélico ocidental e comélico oriental);

3-Ladino Cadorino Central (cadorino de Pieve, cadorino de Calalzo, Cibiana di Cadore, Auronzo de Cadore etc.) e Ladino Cadorino de Oltrechiusa;

4-Ladino Vêneto (agordino, zoldano e baixo cadorino);

5-Ladino Dolomítico ou Sellano ou Atesino (cinco variedades: ampezzano, badioto/marebbino, fassano, fodom/livinallese e gardenês) - Idioma Reto-Romano;

LADINO OU JUDEU-ESPANHOL - Também chamada Sefardi, variedade de castelhano e hebraico.
Idioma Ibero-Romano;

LANDAIS (parlar negre) - Dialeto gascão do SO da França - Zona d'OC Médio Occitana - Idioma Galo-Romano;

LANGUEDOCIANO - Languedoc, França - Zona d'Oc Médio Occitana - Dialetos: Baixo, Médio e Alto-Languedociano (Subdialetos principais: albigense, narbonês, quercinol, rouergat e o da região de Montpellier) e o Guienês (Subdialetos: bergeracois, aurillacois, paladais) - Idioma Galo-Romano;

LAZIALE - Parte do Lácio, Itália - Idioma Ítalo-Romano;

LERIDANO (lleidata) - Dialeto catalão norte ocidental, próximo ao roussillonês - norte de Lérida (Lleida), Espanha. Idioma Ibero-Romano;

LIGUR OU GENOVÊS - Ligúria; Ilha da Sardenha (parte sul-ocidental), onde o dialeto tem o nome de tabarquino: Sulcis, Sant Pietro e San Antiocho; Mônaco (monegasco) - Itália - Idioma Galo-Romano;

LIMUSINO - Limousin, França - Zona d'Oc Norte Occitana - Compreende o Alto e o Baixo Limusino - Idioma Galo-Romano;

LIONÊS - Lyonnais (região de Lyon), França - Dialeto franco-provençal - Idioma Galo-Romano;

LOGUDURÊS OU SARDO LOGUDURÊS OU SARDARÊS OU SARDO CENTRAL - Ilha de Sardenha, Itália - Dialetos: nuorês, logudurês setentrional, barbaricino e logudurês sul-ocidental - Idioma Ítalo-Romano;

LOMBARDO - Lombardia, Itália - Dialetos: bergamasco, bresciano, camasco, cremasco, fiamazzo, ladigiano, milanês, novarese, ticinese, trentino ocidental, verbanês e valtelinês - Idioma Galo-Romano;

LORENO-ROMANO OU GAUMÊS - Lorena e Alsácia, (França); Sul da Província de Luxemburgo, Distrito de Virton (Bélgica) - Dialetos: argonnais, déodatien, gaumês, longovicien, messin, nanceien, spinalien e welche - Zona d'Oil Leste - Idioma Galo-Romano;

MÁCEDO-ROMENO OU AROMENO OU ARUMENO - Dialeto romeno - Tessália e Oeste e Noroeste da Tessalônica (Grécia); Macedônia (onde é uma das línguas oficiais); sul da Bulgária e Albânia - Idioma Balcano-Romano;

MAIORQUINO - Dialeto catalão da Ilha de Maiorca (Ilhas Baleares) - Idioma Ibero-Romano;

MANCÊS - Maine, Pays de Loire (França) - Zona d'Oil Oeste - Idioma Galo-Romano;

MARANÊS - Dialeto vêneto de Marano Lagunare, Província de Udine (Região Autônoma de Friuli-Venezia Giulia, Itália) - Idioma Ítalo-Romano;

MARQUESÃO OU MARCHIGIANO - Emilia-Romagna e Marcas - Itália - Dialetos: anconitano, ascolano, maceratês e metaurense (este último é um falar intermediário entre o marquesão e o emiliano oriental) - Idioma Galo-Romano;

MARSELHÊS - Dialeto provençal-marítimo da Região de Marselha - Zona d'Oc Sul Occitana – Idioma Galo-Romano;

MAYENÊS - Pays de Loire, França - Zona d'Oil Oeste - Idioma Galo-Romano;

MEGLENO-ROMENO - Norte de Tessalônica (Grécia), sul da Macedônia, Sul da Bulgária (Vale do Rio Meglena) - Idioma Balcano-Romano;

MERIDIONAL - Dialeto sardo-campidanês - Sul da Ilha de Sardenha - Idioma Ítalo-Romano;

MINORQUINO - Dialeto catalão da Ilha de Minorca (Ilhas Baleares) - Idioma Ibero-Romano;

MOÇÁRABE - Língua ibero-romana com forte influência árabe, usada pelos cristãos sob domínio mouro na Espanha ocupada - Extinta;

MONEGASCO - Variedade de lígure genovês (usado no Principado de Mônaco) - Idioma Galo-Romano;

MONTARES - Dialeto castelhano da Cantábria, Espanha - Idioma Ibero-Romano;

MORVANDIAU ou Borguinhão - Morvan, França - Zona d'Oil Leste - Idioma Galo-Romano;

MURCIANO - Dialeto castelhano falado na Múrcia, com influência andaluza, aragonesa e levantina - Idioma Ibero-Romano;

NAVARRÊS OU NAVARRO - Dialeto castelhano falado em Navarra, Espanha - Idioma Ibero-Romano;

NEUCHATELÊS - Dialeto franco-provençal de Neuchâtel, Suíça - Idioma Galo-Romano;

NIÇARDO - Provençal (propriamente dito) da Região de Nice, França - Zona d'Oc Sul Occitana - Idioma Galo-Romano;

NORTE-DELFINÊS - Dialeto franco-provençal – região norte de Delfinado (Dauphiné), franja norte do Departamento de Ardèche, Sudoeste do Departamento de Isère França, e nos vales do Piemonte, Itália - Idioma Galo-Romano;

NUORÊS - Dialeto sardo-logudurês central - Região central da Sardenha - Idioma Ítalo-Romano;

OGLIASTRINO - Dialeto sardo-campidanês do sul da Ilha de Sardenha - Idioma Ítalo-Romano;

ORLEANÊS - Orléans, França - Zona d'Oil Centro - Idioma Galo-Romano;

OTRANTINO - Apúlia, Itália - Grupo Siciliano-Calabrês - Idioma Ítalo-Romano;

PALLARESE - Dialeto catalão norte-ocidental da região de Pallars, Catalunha - Idioma Ibero-Romano;

PANDICUTO - Dialeto aragonês central - Aragão, Espanha - Idioma Ibero-Romano;

PICARDO - Picardia, França - Oeste da Província de Namur (Bélgica) - Dialetos: amienês, artois, beauvasês, cambresês, hainaut, chtmi calaisês, santerre, thiérache, vermandês, vimeu-ponthieu, variedades circum-lilloises (roubaix, turcoing, mouscron e comines), rouchi, tornasien, borain, artesien-rural e boulonês - Zona d'Oil Norte - Idioma Galo-Romano;

PIEMONTÊS - Piemonte, Itália - Dialetos: albense, astigiano, biellese, eporediese, fassanês, langês, mandovicês, monteferratês e torinês - Idioma Galo-Romano;

POITEVINO-SAINTONGÊS - (poitevin-saintongeois, parlanjhe) - Não tem mais locutores. Era a língua falada no Poitou-Charentes. Zona d'oïl, Centro - Idioma galo-romano.

POITEVINO (poitevin) - Poitou (Departamentos de Vienne, Deux-Sévresset, Vendée), mais fortemente no Pays Gabaye. Considerada língua regional da França. Zona d'oïl centro - Idioma galo-romano.

PORTUGUÊS - Portugal, Açores, Madeira, Brasil, Cabo Verde, São Tomé e Príncipe, Angola, Moçambique, Macau (China), Espanha, Timor Leste (Arquipélago Indonésio), Cabinda e Índia (Diu, Damão e Goa), Málaca (Malaísia) - Idioma Ibero-Romano.

Em Portugal abrange cinco grupos dialetais:

-Interamnense - Alto-Minhoto, Baixo-Minhoto e Baixo-Duriense;
-Transmontano - Da Fronteira ou Raiano, de Macedo a Mogadouro e Alto-Duriense;
-Beirão - Da Beira Ocidental, Alto-Beirão, Baixo-Beirão e de Fundão a Porto Alegre;
-Meridional - Estremenho, Alentejano e Algarvio;
-Insulano - Açoriano e Madeirense (Ilhas de Açores e Madeira).

PROVENÇAL (propriamente dito) - Provence, regiões de Nice (Dialeto: niçardo), Condado de Venaisim e Nîmes (dialeto: rodaniano) - Zona d'Oc, Médio Occitana - Idioma Galo-Romano:

PROVENÇAL-ALPINO OU GAVOT

1-Provence, Côte d'Azur (metade norte do Departamento dos Alpes de Haute-Provence; em Dauphiné, na franja sudeste do dep. de Isère e em todo o Departamento dos Hautes Alpes). Dialetos: valeion, gapian, gavot e forcalquieren;

2-Itália: Torre Pellice, Val Mairo, Val Varacho, Val d'Esturo, Entraigas, Limoun, Vinai, Pignerol e Sestriero (oeste do Piemonte); Guardia Piemontesa (Calábria) - Zona d'Oc Norte Occitana - Idioma Galo-Romano;

PROVENÇAL-MARÍTIMO - Provence, Côte d'Azur (parte oriental dos Departamentos de Vaucluse e Bouches-du-Rhône, em todo o Departamento de Var, na maior parte do Departamentos dos Alpes Marítimos e na metade sul do Departamentos dos Alpes de Haute Provence - França): Compreende os dialetos marselhês, toulonês e vivarês - Zona d'Oc Sul Occitana - Idioma Galo-Romano;

QUERCINOL - Languedociano de Quercy, França - Zona d'Oc Sul Occitana - Idioma Galo-Romano;

RETO-ROMANO OU RETO-ROMÂNICO

1-**Grupo Ocidental ou Grisão**: Região dos Grisões e Engadino: Romanche (cinco variedades dialetais, com escrita unificada a partir da criação da língua Rumantsch Grischun, em 1980: alto engadino-putèr, surmiran, sursilvan, sutsilvan e baixo engadino-valláder), além do bravuogn (dialeto de Bergun) e do Jauer (no vale de Mustäir) - Suíça Oriental;

2 - **Grupo Central ou Ladino**: Alpes do Tirol ou Alpes Dolomíticos: 1- Ladino Comélico; 2- Ladino Cadorino Central (Auronzo de Cadore, Cibiana di Cadore, Pieve de Cadore e Calalzo de Cadore, etc) e Cadorino de Oltrechiusa; 3- Ladino Vêneto (Agordino, Zoldano e Baixo Cadorino); 4- Ladino Anaunico (nonese e solandro) e 5-

Cinco variedades de Ladino Dolomítico ou Sellano ou Atesino: ampezzano, badioto/marebbino, fassano, fodom/livinallese e gardenês (Trentino Alto-Ádge e Vêneto) - Itália;

3-**Grupo Oriental ou Friulano**: Região de Friuli Venezia-Giulia, Província de Udine, Pordenone, Gorízia e Cárnia, onde o Friulano representa um conjunto de falares distribuídos em três grupos 1-Ocidental ou Concordiese, 2-Centro-Oriental ou Aquileiese e 3-Cárnico - alguns com influências venezianas; outros com influências alemãs e outros mais com influências eslavas (esloveno).

RIBAGORÇAN - Dialeto catalão norte-ocidental - estende-se do Vale de Aran ao Sul de Tamarit e de Noguera Ribagorçana até os limites do Aragonês - Idioma Ibero-Romano;

RIBAGORZANO - Dialeto alto-aragonês oriental da província de Huesca (regiões de Ribargoza e L a Litera) - Aragão, Espanha - Idioma Ibero-Romano;

RODANIANO - Dialeto provençal (propriamente dito) falado no Vale do Ródano (oeste dos departamentos de Vaucluse e Bouches-du-Rhône), base do provençal moderno - Zona d'Oc, Médio Occitana - Idioma Galo-Romano.

ROMANCHE - Conjunto de dialetos réticos ocidentais dos Grisões e Engadino, Suíça românica, com cinco variedades (engadino putèr, surmiran, sursilvan, sutsilvan e engadino valláder), unificadas pela criação da língua escrita comum Rumantsch Grischun, em 1980. A esses acrescentamos o jauer, no Vale de Mustäir e o bravuogn, em Bergun - Idioma Reto-Romano.

ROMENO OU DACO-ROMENO - Romênia: norte do Danúbio, Valáquia, Moldávia e Transilvânia Dialetos: moldávio, valáquio, transilvano, banat e bayash - idioma Balcano-Romano;

ROUSSILLONÊS - Dialeto catalão setentrional, falado no Roussillon - em Conflent, Vallespir, Capcir e Cerdagne (França); e no norte de Gerona, Espanha - Idioma Ibero-Romano;

ROUERGAT - Dialeto languedociano de Rouergue, França - Zona d'Oc Sul Occitana – Idioma Galo-Romano;

SAINTONGÊS (saintongeois, patois charentais) - Saintonge, Aunis, Angoumois, Charente (Charente Maritime), sul de Deux-Sévres, sul de Vendée e norte de Gironde (Pays Gabaye) - Zona d'oïl Centro - idioma galo-romano;

SALENTINO - Calábria, Itália - Idioma Ítalo-Romano;

SARDO - Língua oficial da Sardenha, Itália - Compreende os seguintes grupos dialetais:

1-campidanês – No Sul da Ilha; subdialetos: arborense, cliari ou caliaritano, campidanês central, campidanês ocidental, meridional, ogliastrino, sarrabense, sub-barbaricino, sulcitano;

2-gallurês - no nordeste da Ilha;

3-logudurês - dialeto base da língua padrão; subdialetos: nuorês, logudurês setentrional, barbaricino e logudurês sul-ocidental;

4-sassarês ou sassariano - noroeste da Ilha - Idioma Ítalo-Romano;

SARRABENSE - Subdialeto sardo-campidanês - Sul da Ilha de Sardenha, Itália - Idioma Ítalo-Romano;

SASSARIANO OU SARDO SASSARÊS - Sardenha, Itália - Dialeto sardo do noroeste da Ilha – Idioma Ítalo-Romano;

SARTENÊS - Dialeto corso da Ilha de Córsega, França - Idioma Ítalo-Romano;

SAVOIANO - Dialeto franco-provençal de Savóia, França - Idioma Galo-Romano;

SEMONTANÊS - Dialeto aragonês meridional - Aragão, Espanha - Idioma Ibero-Romano;

SHUADIT (JUDEU-PROVENÇAL) - França Meridional - em Vaucluse e Avignon - Idioma Galo-Romano, extinto em 1977;

SICILIANO - Ilha de Sicília, Itália – grupo Siciliano-Calabrês - Compreende o Siciliano Ocidental (dialetos de Palermo, Trapani e Agrigentino centro-ocidental); o Metafonético Central, o Metafonético Sudeste, o Nonmetafonético Oriental, o Messinês, o falar da Ilha de Eolie (Eólico) e o Pantesco - Idioma Ítalo-Romano;

SUB-BARBARICINO - Dialeto sardo-campidanês - Sul da Sardenha - Idioma Ítalo-Romano;

SULCITANO - Dialeto sardo-campidanês - Sul da Ilha de Sardenha - Idioma Ítalo-Romano;

SURMIRAN OU SOBREMIRANO - Grisões, Suíça - dialeto rético ocidental ou ladino, uma das cinco variedades do Romanche (putèr, surmiram, sursilvan, sutsilvan e valláder) - Idioma Reto-Romano;

TABARQUINO - Variedade de genovês ou lígure falado nas ilhas de San Pietro, Sulcis e San Antiocho (região sul-ocidental da Sardenha) - Itália - Idioma Ítalo-Romano;

TENSINO - Dialeto aragonês central - Aragão, Espanha - Idioma Ibero-Romano;

TOSCANO - Toscana, Itália - Dialetos: arentino, corso, florentino, garfagnino, grossetano, lucchese, pisano-livornês e sienês - Idioma Ítalo-Romano;

TOULONÊS - Dialeto provençal marítimo da região de Toulon, França - Zona d'Oc Sul Occitana - Idioma Galo-Romano;

TRIESTINO - Dialeto vêneto da Província de Trieste (Região Autônoma de Friuli-Venezia Giulia, Itália) - Idioma Ítalo-Romano;

UDINESE - Dialeto friulano predominante na Província de Udine (Região Autônoma de Friuli-Venezia Giulia, Itália) - constituindo uma coiné literária ou língua veicular de vasto alcance - Idioma Reto-Romano;

UMBRO-LATINO - Úmbria, Itália – Abrange os dialetos: romanesco (falado em Roma, principalmente no Bairro de Travestere) e úmbrio - Idioma Ítalo-Romano;

VALAISIEN - Dialeto franco-provençal de Valais, Suíça - Idioma Galo-Romano;

VALÃO - Norte da França; Leste de Hainaut, Província de Luxemburgo (exceto o sul), Sul de Brabante, Liége e Namur (Bélgica) - compreende os seguintes dialetos: valão central ou namurois, valão oriental ou liegês, valão ocidental ou valo-picardo e valão meridional ou valo-loreno - Zona d'Oil Norte - Idioma Galo-Romano;

VALDOSTANO - Dialeto franco-provençal de Val d'Aosta, Itália - Idioma Galo-Romano;

VALENCIANO - Dialeto catalão usado na província de Valência, Espanha - Dialetos: castellonense, central ou apitxat, tortosino, valenciano alicantino, valenciano meridional e valenciano murciano - Idioma Ibero-Romano;

VENACO - Dialeto corso de Venaco, Ilha de Córsega, França - Idioma Ítalo-Romano;

VÊNETO - Vêneto, Itália - Dialetos: feltrino, feltrino-bellunês, padovano, polesano, trevigiano, trentino, veneziano, veneziano colonial, veronês e vicentino. Em Friuli-Venezia Giulia abrange os dialetos de Grado e Marano Lagunare, o biziacco e o triestino. Na Península da Ístria abrange o ístrio-vêneto - Idioma Ítalo-Romano fundado em substrato vêneto;

VICO-AJÁCIO - Dialeto corso de Ajácio, Ilha de Córsega, França - Idioma Ítalo-Romano;

VIVARÊS - Departamento de Ardèche, França - Dialeto provençal-marítimo - Zona d'Oc Sul Occitana - Idioma Galo-Romano;

WELCHE - Alsácia (oeste do dep. do Alto-Reno e extremo sudoeste do dep. do Baixo-Reno). Compreende cinco variantes: Alto Vale de Bruche, Vale de Villé, Vale de Lièpvre, Vale de Kaysersberg e Vale de Orbey - Zona d'oil leste - Língua galo-romana.

Bibliografia

Geografia Ilustrada - Volume I
Língua e Literatura - Silvio Elia
Português Prático - José Marques da Cruz
As Aventuras das Línguas no Ocidente - Henriette Walter
Nações do Mundo - Time Life
Larousse Cultural - Diversos volumes

LÍNGUAS VIVAS – SEM PARENTESCO RECONHECIDO

São línguas que não têm qualquer parentesco entre si ou com qualquer outra existente no mundo. São conhecidas **30** línguas isoladas.

AINO	[AIN]	(Japão)
ANDOQUE	[ANO]	(Colômbia)
BUSA	[BHF]	(Papua-Nova Guiné)
ABINOMN	[BSA]	(Irian Jaya - Indonésia)
BURUSHASKI	[BSK]	(Paquistão)
BURMESO	[BZU]	(Irian Jaya - Indonésia)
CAYUBABA	[CAT]	(Bolivia)
ITONAMA	[ITO]	(Bolívia)
TOL	[JIC]	(Honduras)
CAMSÁ	[KBH]	(Colômbia)
KOREAN	[KKN]	(Coréia, Sul)
KUTENAI	[KUN]	(Canadá)
YALE	[NCE]	(Papua-Nova Guiné)
NIHALI	[NHL]	(Índia)
GILYAK	[NIV]	(Rússia-Ásia)
PANKARARÚ	[PAZ]	(Brasil)
KIBIRI	[PRM]	(Papua-Nova Guiné)
PURÉPECHA (*)	[PUA]	(México)
PUELCHE	[PUE]	(Argentina)
PUINAVE	[PUI]	(Colômbia)
TICUNA	[TCA]	(Peru)
TRUMAÍ	[TPY]	(Brasil)
PURÉPECHA	[TSZ]	(México)
TUXÁ	[TUD]	(Brasil)
WARAO	[WBA]	(Venezuela)
YÁMANA	[YAG]	(Chile)
YUCHI	[YUC]	(EUA)

YURACARE	[YUE]	(Bolívia)
KARKAR-YURI	[YUJ]	(Papua Nova-Guiné)
ZUNI	[ZUN]	(EUA)

(*) Sierra Occidental

AINO - É uma língua aglutinante das antigas populações do arquipélago nipônico - Ilhas Sacalinas, Curilas e Hokkaido. Com numerosos dialetos, não tem relação com nenhum outro idioma no mundo.

BURUSHASKI - Também conhecida sob a denominação de Khajuna ou Kunjuti, é falada por grupos reduzidos nos estados paquistaneses de Hunza e Nagir e no distrito de Jasin. É língua isolada, sem parentesco reconhecido.

LÍNGUAS PALEOSSIBERIANAS - São as línguas que, faladas na Sibéria, não se ligam nem ao uraliano, nem ao esquimó, e, provavelmente, a nenhuma outra grande família. Atualmente, elas vêm cedendo à influência do russo, e os falantes bilíngues hoje praticamente só falam a língua oficial da região. Essas línguas se fixaram ao longo do rio Amur e das Ilhas Sacalinas, assim como na península de Kamchatka, abrangendo toda a região que forma a ponta extremo-oriental da Sibéria. Os falares mais conhecidos são o *Chekchee*, na península Ichktche; o *Koriak* e o *Komchadal*, em Kamchatka. Ademais, citam-se o *Yukaguir*, o *Tchuvants* e o Guilak, a leste; e o *Ket*, o *Kot*, o *Assan* e o *Arin*, na região do Ienissei.

LÍNGUAS EUSKARAS - Por euskaro (do basco "euskara", língua basca) compreende-se o Basco, o Aquitânio e o Ibero (língua falada na península ibérica). A mais importante, e ainda falada no norte da Espanha e Sul da França (região dos Pirineus e baía de Biscaia), é o Basco ou Euskaro. O primeiro livro em Basco de que se tem notícia data de 1545, mas os mais antigos documentos dessa língua remontam ao século X.

O Basco é uma língua aglutinante cujo domínio se estende pelo País Basco Espanhol (províncias de Álava, Biscaia e Guipúzcoa) e Navarra; Na França abrange as regiões de Labourd, Baixa Navarra e Soule. São conhecidos oito dialetos bascos: na Espanha – Vasconço ou Biscainho, Guipuscoano e Alto-Navarrês; na França - Baixo-Navarrês, Laburdino Costa, Laburdino Interior, Navarro-Laburdino e Soletano.

O Basco Unificado ou "Euskara batua" tende a destacar-se com a combinação entre o guipuzcoano - mais usado na Espanha, ainda que o Biscainho ou Vasconço possua o maior número de falantes - e o Navarro-Laburdino, língua de referência no País Basco Francês.

De todas as línguas ainda utilizadas, o Basco pode ser a mais difícil de aprender, já que não se relaciona a qualquer outra língua na Terra, com a exceção de um pequeno bolsão linguístico nas montanhas do Cáucaso. É provável que o Basco seja remanescente de uma língua do tempo das cavernas, falada antes que as geleiras cobrissem grandes trechos do hemisfério norte. Sua estrutura e seu vocabulário são extremamente difíceis.

O Ibero dispõe de poucos documentos e parece certo afirmar que essa língua, falada na costa mediterrânea da Espanha e no sudoeste da França, se relaciona ao Euskaro pelas coincidências que apresenta no que toca ao inventário dos fonemas, à forma canônica dos temas nominais e mesmo no que se refere aos elementos gramaticais. Entretanto, estudos mais recentes classificam o Ibero como uma língua de filiação duvidosa e de provável origem africana -

camítica, possivelmente. Hoje parece desfeita a identidade com o basco, suposta por alguns linguistas.

BIBLIOGRAFIA:

A Aventura das Línguas no Ocidente - Henriette Walter.
As Línguas do Mundo - Charles Berlitz.
Dicionário de Linguística - Jean Dubois e outros.
Enciclopédia Larousse.
Enciclopédia Mirador Internacional - Vol. 13.
Geografia Ilustrada - Editora Abril - Seção Europa.
Pontos de Gramática Histórica - Ismael Lima Coutinho.
Português Prático - José Marques da Cruz.

LISTA DE COISAS QUE NÃO SABEMOS OU NÃO LEMBRAMOS

Os Três Reis Magos:

-O árabe Baltazar: trazia incenso, significando a divindade do Menino Jesus;

-O indiano Belchior: trazia ouro, significando a sua realeza;

-O etíope Gaspar: trazia mirra, significando a sua humanidade.

As Sete Maravilhas do Mundo Antigo:

1 - As Pirâmides do Egito;

2 - As Muralhas e os Jardins Suspensos da Babilônia;

3 - O Mausoléu de Helicarnasso (ou O Túmulo de Mausolo, em Éfeso);

4 - A Estátua de Zeus, de Fídias;

5 - O Templo de Artemisa (ou Diana);

6 - O Colosso de Rodes;

7 - O Farol de Alexandria.

As Sete Notas Musicais: A origem é uma homenagem a São João Batista, com seu hino:

Ut queant laxis (dó) - Para que possam

Re sonare fibris - ressoar as

Mi ra gestorum - maravilhas de teus feitos

Fa mulli tuorum - com largos cantos

Sol ve polluit - apaga os erros

Labii reatum - dos lábios manchados

Sancti **I**oannis - Ó São João

Os Sete Pecados Capitais - Só foram enumerados no século VI pelo papa São Gregório Magno (540-604), tomando como referência as cartas de São Paulo.

-Gula
-Avareza
-Soberba
-Luxúria
-Preguiça
-Ira
-Inveja

As Sete Virtudes - Para combater os pecados capitais

-Temperança (gula)
-Generosidade (avareza)
-Humildade (soberba)
-Castidade (luxúria)

-Disciplina (preguiça)
-Paciência (ira)
-Caridade (inveja)

Os Sete dias da Semana e os Sete Planetas - Os dias, nos demais idiomas - com exceção da língua portuguesa - mantêm os nomes dos sete corpos celestes conhecidos desde os babilônios:

-Domingo - dia do Sol
-Segunda - dia da Lua.
-Terça - dia de Marte
-Quarta - dia de Mercúrio
-Quinta - dia de Júpiter
-Sexta - dia de Vênus
-Sábado - dia de Saturno

As Sete Cores do Arco-Íris - Na mitologia grega, Íris era a mensageira da deusa Juno. Como descia do céu num facho de luz e vestia um xale de sete cores, deu origem à palavra arco-íris. A divindade deu origem também ao termo íris, do olho.

-Vermelho
-Laranja
-Amarelo
-Verde
-Azul
-Anil
-Violeta

Os Dez Mandamentos:

1º - Amar a Deus sobre todas as coisas
2º - Não tomar o Seu Santo Nome em vão
3º - Guardar domingos e festas de guarda
4º - Honrar pai e mãe
5º - Não matar
6º - Não pecar contra a castidade
7º - Não furtar
8º - Não levantar falso testemunho
9º - Não desejar a mulher do próximo
10º - Não cobiçar as coisas alheias

Os Doze Meses do Ano:

-Janeiro: Homenagem ao Deus Janus, protetor dos lares;

-Fevereiro: Mês do festival de Februália (purificação dos pecados), em Roma;

-Março: Em homenagem a Marte, deus guerreiro;

-Abril: Derivado do latim Aperire (o que abre). Possível referência à primavera no Hemisfério Norte;

-Maio: Acredita-se que se origine de Maia, deusa do crescimento das plantas;

-Junho: Mês que homenageia Juno, protetora das mulheres;

-Julho: No primeiro calendário romano, de 10 meses, era chamado de *quintilis* (5º mês). Foi rebatizado por Júlio César;

-Agosto: Inicialmente nomeado de *sextilis* (6º mês), mudou em homenagem a César August;

-Setembro: Era o sétimo mês. Vem do latim *septem*;

-Outubro: Na contagem dos romanos, era o oitavo mês;

-Novembro: Vem do latim *novem* (nove);

-Dezembro: era o décimo mês.

Os Doze Apóstolos:

1 - Simão Pedro
2 - Tiago (o maior)
3 - João
4 - Filipe
5 - Bartolomeu
6 - Mateus
7 - Tiago (o menor)
8 - Simão
9 - Judas Tadeu
10 - Judas Iscariotes
11 - André
12 - Tomé.

Após a traição de Judas Iscariotes, os outros onze apóstolos elegeram Matias para ocupar o seu lugar.

Os Doze Profetas do Antigo Testamento:

1 - Isaías
2 - Jeremias
3 - Jonas
4 - Naum

5 - Baruc ou Baruch
6 - Ezequiel
7 - Daniel
8 - Oséias
9 - Joel
10 - Abdias
11 - Habacuc ou Habacuque
12 - Amos

Os Quatro Evangelistas e a Esfinge:

-Lucas (representado pelo touro);
-Marcos (representado pelo leão);
-João (representado pela águia);
-Mateus (representado pelo anjo).

Os Quatro Elementos e os Signos:
-Terra (Touro - Virgem - Capricórnio)
-Água (Câncer - Escorpião - Peixes)
-Fogo (Carneiro - Leão - Sagitário)
-Ar (Gêmeos - Balança - Aquário)

As Musas da Mitologia Grega - a quem se atribuía a inspiração das ciências e das artes:

1 - Urânia (astronomia)
2 - Tália (comédia)
3 - Calíope (eloquência e epopeia)
4 - Polímnia (retórica)
5 - Euterpe (música e poesia lírica)
6 - Clio (história)
7 - Érato (poesia de amor)

8 - Terpsícore (dança)
9 - Melpômene (tragédia)

Os Sete Sábios da Grécia Antiga:

1 - Sólon
2 - Pítaco
3 - Quílon
4 - Tales de Mileto
5 - Cleóbulo
6 - Bias
7 - Períandro

Os Múltiplos de Dez - Os prefixos usados em Megabytes, Quilowatt, milímetro...

Nome (símbolo) = Fator de Multiplicação

Yotta (Y) = 10^{24} = 1.000.000.000.000.000.000.000.000
Zetta (Z) = 1 0^{21} = 1.000.000.000.000.000.000.000
Exa (E) = 10^{18} = 1.000.000.000.000.000.000
Peta (P) = 10^{15} = 1.000.000.000.000.000
Tera (T) = 10^{12} = 1.000.000.000.000
Giga (G) = 10^{9} = 1.000.000.000
Mega (M) = 10^{6} = 1.000.000
kilo (k) = 10^{3} = 1.000
hecto (h) = 10^{2} = 100
deca (da) = 10^{1} = 10
uni = $10^{0=}$ 1
deci d, 10^{-1} = 0,1
centi c, 10^{-2} = 0,01
mili m, 10^{-3} = 0,001
micro μ, 10^{-6} = 0,000.0001

nano n, 10^{-9}= 0,000.000.001
pico p, 10^{-12} = 0, 000.000.000.001
femto f, 10^{-15} = 0,000.000.000.000.001
atto a, 10^{-18} = 0,000.000.000.000.000.001
zepto z, 10^{-21} = 0,000.000.000.000.000.000.001
yocto y, 10^{-24} = 0,000.000.000.000.000.000.000.001
exa deriva da palavra grega 'hexa' que significa 'seis'.
penta deriva da palavra grega 'pente' que significa 'cinco'.
tera do grego 'téras' que significa 'monstro'.
giga do grego 'gígas' que significa 'gigante'.
mega do grego 'mégas' que significa 'grande'.
hecto do grego 'hekatón' que significa 'cem'.
deca do grego 'déka' que significa 'dez'.
deci do latim 'decimu' que significa 'décimo'.
mili do latim 'millesimu' que significa 'milésimo'.
micro do grego 'mikrós' que significa 'pequeno'.
nano do grego 'nánnos' que significa 'anão'.
pico do italiano 'piccolo' que significa 'pequeno'.
femto do dinamarquês 'femten' que significa 'quinze'.
atto do dinamarquês 'atten' que significa 'dezoito'.
zepto e zetta derivam do latim 'septem' que significa 'sete'.
yocto e yotta derivam do latim 'octo' que significa 'oito''.

Conversão entre unidades:

cavalo-vapor 1 cv = 735,5 Watts
horse-power 1 hp = 745,7 Watts
polegada 1 in (1´´) = 2,54 cm
pé 1 ft (1´) = 30,48 cm
jarda 1 yd = 0,9144 m
angström 1 Å = 10-10 m
milha marítima =1852 m
milha terrestre 1mi = 1609 m
tonelada 1 t = 1000 kg

libra 1 lb = 0,4536 kg
hectare 1 ha = 10.000 m2
metro cúbico 1 m3 = 1000 l
minuto 1 min = 60 s
hora 1 h = 60 min = 3600 s
grau Celsius 0 ºC = 32 ºF (Zero absoluto ou 0° K = -273,15°C = - 459,67°F
grau fahrenheit = 32 + (1,8 x ºC).

Datas Comemorativas de Casamento:

1 ano - Bodas de Algodão
2 anos - Bodas de Papel
3 anos - Bodas de Trigo ou Couro
4 anos - Bodas de Flores e Frutas ou Cera
5 anos - Bodas de Madeira ou Ferro
10 anos - Bodas de Estanho ou Zinco
15 anos - Bodas de Cristal
20 anos - Bodas de Porcelana
25 anos - Bodas de Prata
30 anos - Bodas de Pérola
35 anos - Bodas de Coral
40 anos - Bodas de Rubi ou Esmeralda
45 anos - Bodas de Platina ou Safira
50 anos - Bodas de Ouro
55 anos - Bodas de Ametista
60 anos - Bodas de Diamante ou Jade
65 anos - Bodas de Ferro ou Safira
70 anos - Bodas de Vinho
75 anos - Bodas de Brilhante ou Alabastro
80 anos - Bodas de Nogueira ou Carvalho

Os Dez Números Arábicos - Os símbolos têm a ver com os ângulos:

O zero não tem ângulos
O número 1 tem 1 ângulo
O número 2 tem 2 ângulos
O número 3 tem 3 ângulos
etc.

Os Sete Anões:

Dunga
Zangado
Atchim
Soneca
Mestre
Dengoso
Feliz

Você Sabia?

1 - Cada rei no baralho representa um grande Rei/Imperador da história:

-Espadas: Rei David (Israel);
-Paus: Alexandre Magno (Grécia/Macedônia);
-Copas: Carlos Magno (França);
-Ouros: Júlio César (Roma).

2 - Durante a Guerra de Secessão, quando as tropas voltavam para o quartel após uma batalha sem nenhuma baixa, escreviam

numa placa imensa: 'O Killed' (zero mortos). Daí surgiu a expressão 'O.K.' para indicar que tudo está bem.

3 - Nos conventos, durante a leitura das Escrituras Sagradas, ao se referir a S. José, diziam sempre 'Pater Putativus' ('Pai Suposto'), abreviando em 'P.P.'. Assim surgiu o hábito, nos países de colonização espanhola, de chamar os 'José' de 'Pepe'.

4 - No Novo Testamento, no livro de São Mateus, está escrito 'É mais fácil um camelo passar pelo buraco de uma agulha que um rico entrar no Reino dos Céus...' O problema é que São Jerônimo, o tradutor do texto, interpretou a palavra 'kamelos' como camelo, quando na verdade, em grego, 'kamelos' são as cordas grossas com que se amarram os barcos. A ideia da frase permanece a mesma, mas qual parece mais coerente?

5 - Quando os conquistadores ingleses chegaram à Austrália, se assustaram ao ver uns estranhos animais que davam saltos incríveis. Imediatamente chamaram um nativo (os aborígenes australianos eram extremamente pacíficos) e perguntaram qual o nome do bicho. O índio sempre repetia 'Kan Ghu Ru' e, portanto, o adaptaram ao inglês, 'kangaroo' (canguru). Depois, os linguistas determinaram o significado, que era muito claro: os indígenas queriam dizer: 'Não te entendo'.

6 - A parte do México conhecida como Yucatán vem da época da conquista, quando um espanhol perguntou a um indígena como eles chamavam esse lugar, e o índio respondeu 'Yucatán'. Mas o espanhol não sabia que ele estava informando 'Não sou daqui'.

7 - Existe uma Rua no Rio de Janeiro, no bairro de São Cristóvão, chamada 'PEDRO IVO'. Quando um grupo de estudantes foi tentar descobrir quem foi esse tal de Pedro Ivo, descobriram que na verdade a rua homenageava D. Pedro I, que

quando foi rei de Portugal, foi aclamado como 'Pedro IV' (quarto). Pois bem, algum dos funcionários da Prefeitura, ao pensar que o nome da rua fora grafado errado, colocou um 'O' no final do nome. O erro permanece até hoje. Acredite se quiser.

(Autor Desconhecido)

MOEDAS BRASILEIRAS

- Até 04.10.1942 - REAL - Plural: Réis - Um Milhão de Réis = 1 conto de réis.
- De 05.10.1942 a 12.02.1967 - CRUZEIRO - CR$ (= Mil réis)
- De 13.02.1967 a 14.05.1970 - CRUZEIRO NOVO - NCR$ (= Mil cruzeiros)
- De 15.05.1970 a 27.02.1986 - CRUZEIRO - CR$ (Sem cortes de zeros)
- De 28.02.1986 a 15.01.1989 - CRUZADO – CZ$ (= Mil cruzeiros)
- De 16.01.1989 a 15.03.1990 - CRUZADO NOVO - NCZ$ (Mil cruzados)
- De 16.03.1990 a 31.07.1993 - CRUZEIRO - Cr$ (Sem cortes de zeros)
- De 01.08.1993 a 30.06.1994 - CRUZEIRO REAL - CR$ (= Mil cruzeiros)
- De 01.07.1994 a .... - REAL (Plural Reais) - R$ (= 2.750 cruzeiros reais)

(BACEN e Fontes Diversas)

O DIA EM QUE VOCÊ NASCEU

1 - Divida a dezena do ano de seu nascimento por quatro. Despreze o resto;

2 - Some o resultado obtido à dezena do ano de seu nascimento;

3 - Some esse resultado ao número correspondente ao seu mês de nascimento, conforme tabela a seguir:

Janeiro	=	1	Julho	=	0
Fevereiro	=	4	Agosto	=	3
Março	=	4	Setembro	=	6
Abril	=	0	Outubro	=	1
Maio	=	2	Novembro	=	4
Junho	=	5	Dezembro	=	6

4 - Ao resultado anterior some os números correspondentes ao dia do seu nascimento (01 a 31)

5 - Divida o total obtido por 7 e considere o Resto da operação como resultado;

6 - O resto do cálculo anterior corresponderá ao dia da semana em que você nasceu, considerando o domingo como o dia 1:

Domingo: 1 - Segunda: 2 - Terça: 3 - Quarta: 4 - Quinta: 5 - Sexta: 6 e Sábado: 7.

Observações:
a - Se o resto apurado no item 5 for zero, considere o dia como sábado;

b - Memorize a tabela do item 3 da seguinte forma:

144 -	025 -	036 -	146	**OU**:
12^2	5^2	6^2	$12^2 + 2$	

c - **Atenção**: Se a data que você está procurando é de janeiro ou fevereiro de um ano bissexto, será preciso subtrair um. De qualquer forma, divida o total por sete e anote o resto, pois só ele interessa.

Exemplo prático

Suponhamos que alguém tenha nascido no dia 31.05.1950. Em que dia da semana teria acontecido a feliz data?

Cálculos:

1 - Dezena do ano do nascimento: 50 - Vamos dividir este número por 4;
50 : 4 = 12 (desprezamos o resto);

2 - Vamos somar este resultado com a dezena do ano de nascimento:

12 + 50 = 62;

3 - Vamos somar este último resultado com o número correspondente ao mês de maio, que é "2", conforme Tabela:

62 + 2 = 64;

4 - Vamos somar este novo resultado com o número correspondente ao dia do nascimento:

64 + 31 = 95;

5 - Divida este último total por 7 (sete), considerando como resultado somente o Resto. Será o número correspondente ao dia do nascimento:

95:7 = 13, Resto = 4;

6 - Quatro é o número correspondente a Quarta-feira. Portanto, a pessoa nasceu numa quarta-feira.

(Curiosidade publicada na Revista "Coquetel")

O TERCEIRO MILÊNIO COMEÇOU ANTES DE 2001

Já estamos no terceiro milênio da era cristã, que começou com o nascimento de Jesus. Convencionalmente, isso teria ocorrido há 1999 anos. No entanto, Jesus deve ter nascido cerca de seis anos antes do que o registrado pelo calendário ocidental. Segundo estudiosos da Bíblia, o erro maior foi cometido no século VI, por Dionísio, o Pequeno, que elaborou o calendário.

Em consequência, segundo historiadores agnósticos, ateus e crentes, o ano de 1999 pode ser o ano 2005 ou 2006.

Como não existe nos Evangelhos uma data precisa para o nascimento de Jesus, estudiosos da Bíblia são obrigados a tomar como referência mais concreta e histórica o "tempo de Herodes" ou o "tempo do recenseamento ordenado por Augusto".

Herodes (74 a.C. - 4 d.C., no calendário convencional), era rei da província romana da Judéia, quando Jesus nasceu. Augusto era o título de Otávio (63 a.C. – 14 d.C.), primeiro imperador romano.

Convém recordar que, antes de Dionísio, o Pequeno, ter estabelecido a data do nascimento de Jesus como o início da contagem da era cristã, a cronologia se baseava em outros marcos iniciais para contar os anos: os Romanos usavam a fundação de Roma; Os Gregos, as Olimpíadas, enquanto os judeus adotavam como ano Zero o da criação do mundo.

Pela tradição, Jesus nasceu no ano UM da nossa era, pois o seu nascimento é o evento que marcou o início da era cristã.

Na realidade, a verdade é outra. Em 525 d.C., quando Dionísio, o Pequeno, fixou o nascimento de Jesus em 25 de dezembro do ano 754 "ab urbe condita" (depois da fundação de Roma), efetuou um erro de cálculo da ordem de, pelo menos, cinco anos.

Ele não havia considerado nem o ZERO em sua contagem, nem os quatro anos em que o Imperador Augusto reinou com o seu próprio nome de batismo, Otávio.

Com o auxílio de acontecimentos históricos citados na Bíblia, poderemos determinar com maior precisão os prováveis anos nos quais teria nascido Jesus.

De início, segundo o evangelista Mateus, sabe-se que Jesus nasceu durante o reinado de Herodes, que faleceu no ano astronômico -3 (ou 4 a.C., no calendário convencional cristão), talvez nos meses de abril ou maio.

Essa última conclusão prende-se ao fato de a morte de Herodes ter ocorrido antes da Páscoa dos judeus e ter sido precedida por um eclipse da lua.

Ora, como o único eclipse lunar visível em Jericó foi o da noite de 12 para 13 de março do ano -3 (ou 4 a.C.), como foi mencionado pelo historiador judeu Flavius Josephus (37 d.C. - 100 d.C.), supõe-se que a morte de Herodes ocorreu provavelmente no mês que se seguiu ao fenômeno. Em síntese: tudo indica que Herodes morreu entre 13 de março e 11 de abril, pois foi nesse dia que se iniciou a Páscoa dos judeus.

Outra ocorrência que tem auxiliado os historiadores foi o massacre dos inocentes, quando todas as crianças de menos de menos de dois anos foram sacrificadas por ordem de Herodes, que se baseou nas informações dos Magos para enviar os seus soldados a Belém, a fim de matar o novo Messias que ele tanto temia.

Por esse fato se concluiu que Jesus, na época, deveria ter menos de dois anos. Seria conveniente lembrar, por outro lado, que essa data pode corresponder à concepção e não ao nascimento, pois entre os orientais era tradição iniciar a contagem da idade a partir daquele instante.

Outro ponto de referência na fixação da data de nascimento de Jesus foi a época do recenseamento ordenado pelo imperador Augusto, que foi executado por Quirino, governador da Síria.

Se aceitarmos o termo recenseamento como "census", isto é, como um inventário de população, a data correspondente será -7 ou -6 (8 ou 7 A.C.).

Todavia, se tomarmos, como o fazem alguns autores, esse termo no sentido "cens", ou seja, de imposto, que deve ter sido posterior de um a dois anos ao citado inventário, é aceitável supor que o mesmo ocorreu entre os anos -4 ou -3, ou seja, 5 a.C. a 4 a.C.

Considerando todos esses elementos, chegamos à conclusão de que a data do nascimento de Jesus deve situar-se entre os anos astronômicos -4 a -6 (ou 5 a 7 a.C., no calendário convencional).

O Nascimento de Jesus

O Natal, em 25 de dezembro, começou a ser celebrado em todo o mundo, como o dia do nascimento de

Jesus, depois do ano 336 d.C. Anteriormente, essa data, aceita como solstício do inverno no Hemisfério Norte, estava associada a diversas festividades pagãs, entre elas as saturnálias, em Roma, e os cultos solares, entre os Germânicos e os Celtas. Elas tiveram de ser neutralizadas juntos aos adeptos do cristianismo.

A principal delas era a festa pagã do "dies solis invicti natalis", ou seja, o dia do nascimento do sol invicto. Sua comemoração coincidia com os meados das saturnálias, estação durante a qual os trabalhos cessavam. Nesse dia em que o Sol começava a se dirigir para o norte, as casas eram decoradas com árvores, presentes eram trocados entre os amigos, ceias e procissões eram efetuadas pelos povos pagãos em homenagem ao Sol, que voltava em direção a sua posição elevada, que ocorreria no verão.

Com os primeiros cristãos ainda continuavam comemorando esse feriado, a Igreja decidiu, em 440 d.C., transformar tal cerimônia pagã numa festa cristã. O objetivo da Igreja foi cristianizar as festas pagãs, entre elas a festa mitraica que celebrava o "natalis invictis solis" da religião persa, com a qual rivalizava o cristianismo nessa época. Assim, o dia 25 de dezembro passou a representar o dia do nascimento de Jesus.

No oriente, ou melhor, na porção oriental do Império Romano, o nascimento de Jesus foi inicialmente celebrado em 6 de janeiro, data que estava associada a outra grande festa pagã. Comemorar o natal nessa data tinha como objetivo eliminar do calendário a cerimônia pagã que se realizava no templo de Kore, em Alexandria, e em algumas regiões da Arábia, quando se celebrava Kore, a virgem, que deu à luz Aion.

Em 194 d.C., Clemente de Alexandria propôs para o nascimento de Jesus a data de 19 de novembro do ano -2 (ou 3 a.C.), enquanto outros pretendiam que ela tivesse ocorrido em 30 de maio ou 19 / 20 de abril.

Mais tarde, em 214 d.C., Epifânio propôs o dia 20 de maio. Nessas propostas existem confusões entre a época da concepção e do nascimento. No entanto, todas elas parecem concordar com a velha tradição de que Jesus teria sido concebido na primavera e nascido em meados do inverno (essas estações referem-se ao Hemisfério Norte).

Segundo os relatos da Bíblia, o nascimento de Jesus pode ser determinado em função do nascimento de São João Batista. Assim, Zacarias, o pai de João Batista, foi o sacerdote da travessia de Ábia (Lucas 1.8), que teria servido no templo na sexta semana depois da Páscoa, semana anterior ao Pentecostes.

Como todos os "sacerdotes" também serviram durante o Pentecostes, Zacarias teria deixado Jerusalém para sua casa no 12º dia do mês do calendário israelita Sivan, ou seja, em 12 de junho do nosso calendário. Ora, como Isabel, sua esposa concebeu o filho depois do seu retorno (Lucas 1.24), conclui-se que João Batista deve ter nascido 280 dias mais tarde, ou seja, nas vizinhanças do dia 27 de março.

Lucas (1.36) registrou ser Jesus seis meses mais jovem que João Batista, o que faz ter o nascimento de Jesus ocorrido em setembro seguinte, ou seja, no outono do ano -6 (ou 7 a.C.).

A primitiva tradição cristã registrava que Jesus nasceu um dia depois do *sabbath* judaico - isto é, em um Domingo. Crenças astrológicas tradicionais indicam, como dia mais provável, o Sábado, dia 22 de agosto de -6 (ou 7 a.C.). Seria conveniente lembrar que no calendário judaico o dia começa ao pôr-do-sol. Assim, se considerarmos a lenda segundo a qual Jesus nasceu depois do pôr-do-sol, podemos aceitar que o seu nascimento ocorreu em 21 de Agosto do ano -6 ou 7 a.C.

Contagem astronômica

Toda contagem de tempo começa no Zero. Entretanto, um sistema sui generis de contagem foi estabelecido para o início da era cristã, na qual o algarismo 1 significa o ano que dá início a essa era.

Realmente, em 525, quando Dionísio, o Pequeno, propôs que a era cristã fosse contada a partir do nascimento de Jesus, a ideia de Zero era desconhecida. Isso tem provocado muitas confusões, em particular na contagem dos anos anteriores à era cristã.

Para eliminá-las, o astrônomo francês Dominique Cassini (1625-1712) introduziu um processo diferente de numeração, que passou a ser adotado universalmente pelos astrônomos e cronologistas. Esse processo, além de facilitar enormemente os cálculos, evita qualquer risco de erro. Na contagem comum ou histórica, o ano que precede o nascimento de Jesus é o ano 1 a.C., enquanto na dos cronologistas e astrônomos esse ano é o ano ZERO.

Na contagem que precede o ano 1 a.C., ou seja, o ano 2 a.C. à maneira dos cronistas, corresponde ao ano -1 dos astrônomos e assim sucessivamente.

Após o nascimento de Jesus, os dois modos de contar são idênticos. Assim, damos a seguir a cronologia astronômica seguida da cronologia história entre parênteses; 2 (Ano 2 d.C.); 1 (Ano 1 d.C.); 0 (Ano 1 a.C.); -1 (Ano 2 a.C.); -2 (Ano 3 AC); ... -1499 (ano 1500 AC).

Importante - O ano 2000 encerra o século e o milênio. O terceiro milênio e o século XXI começarão no dia 01.01.2001

Pela convenção atual, defendida pelos astrônomos franceses François Arago (1786 – 1853) e Camille Flammarion (1842 – 1925), no fim do ano 100 terminou o primeiro século. No fim do ano 1900, terminou o século XIX.

O século XX, que começou em 1° de janeiro de 1901, terminará em 31.12.2000. O século XXI começará em 1° de janeiro de 2001.

Foi essa a razão pela qual o escritor de ficção científica britânico Arthur Clarke (1917), ao escrever a obra que marca uma nova etapa da conquista espacial, resolver denominá-la "2001–Uma Odisseia no Espaço".

Fontes: Folha de São Paulo, Edição 02.03.1997;
Ronaldo Rogério de Freitas Mourão;
J.J. Benítez - Operação Cavalo de Tróia.

Observação: A data aceita para o nascimento de Cristo – 21 de agosto do ano -6 (ou 7 a.C.), conforme acima mencionada – coincide com a informada no livro Operação Cavalo de Tróia, de J.J. Benítez, volume 2, páginas 464/465, edição

1986. Ainda, segundo o volume 1 do mesmo autor, Jesus morreu no dia 07 de abril do ano 30, sexta-feira, às 14h57min30s, aproximadamente. Sua ressurreição ocorreu, com toda a certeza, na madrugada do dia 09 de abril (domingo) do ano 30 de nossa era, por volta das 02h44min.

PALÍNDROMO

Palíndromo é uma palavra ou um número que se lê da mesma maneira nos dois sentidos, normalmente, da esquerda para a direita e ao contrário.

Exemplos: ovo, osso, anilina, eme, radar. O mesmo se aplica às frases, embora a coincidência seja tanto mais difícil de conseguir quanto maior a frase; é o caso do conhecido:
-Socorram-me, subi no ônibus em Marrocos.

Diante do interesse pelo assunto (confesse, já leu a frase ao contrário), tomei a liberdade de selecionar alguns dos melhores palíndromos da língua de Camões...

-A cara rajada da jararaca;

-A diva em Argel alegra-me a vida;

-A droga da gorda;

-A mala na lama;

-A torre da derrota;

-Anotaram a data da maratona;

-Assim a aia ia à missa;

-Luza Rocelina, a namorada do Manuel, leu na moda da romana: Anil é cor azul;

-O céu sueco;

-O galo ama o lago;

-O lobo ama o bolo;

-O romano acata amores a damas amadas e Roma ataca o namoro;

-Rir, o breve verbo rir;

-Saíram o tio e oito Marias;

-Zé de Lima Rua Laura mil e dez.

(Autor Desconhecido)

POEMA COM PROVA DOS NOVES

Às folhas tantas de um livro matemático,
Um quociente apaixonou-se, um dia,
Loucamente, por uma incógnita.
Ele, produto notável de uma importante
Família de polinômios;
Ela, a parte variável de uma desprezível
Equação literal.
Olhou-a com seu olhar inumerável
E viu-a do ápice à base uma figura ímpar;
Olhos romboides, boca trapezoide,
Corpo ortogonal, seios esferoides.
Fez de sua vida uma paralela à dela
Até que se encontraram no infinito.

"Quem és tu?", indagou ele em ânsia radical.
"Sou a soma dos quadrados dos catetos,
Mas pode me chamar de hipotenusa".
E, ao falarem, descobriram que eram
- o que em aritmética corresponde
a almas irmãs - primos entre si.

E assim se amaram ao quadrado da velocidade da luz,
Numa sexta potenciação, traçando ao sabor do momento
E da paixão, retas, curvas, círculos e linhas senoidais,
Nos jardins da quarta dimensão.
Escandalizaram os ortodoxos das fórmulas euclideanas e os
exegetas do universo finito.

Romperam convenções newtonianas e pitagóricas
Até que, enfim, resolveram se casar, constituir um lar;
Mais que um lar, um perpendicular.
Convidaram para padrinhos o Poliedro e a Bissetriz.

E fizeram planos, equações diagramas para o futuro,
Sonhando com a felicidade integral e diferencial.
Já casados, tiveram uma Secante e três Cones
Muito engraçadinhos.

E foram felizes até aquele dia
Em que tudo vira, afinal, monotonia...
Foi, então, que surgiu o Máximo Divisor Comum,
Frequentador de círculos concêntricos, viciosos.
Ofereceu a ela uma grandeza absoluta e reduziu-a
A um denominador comum.
Ele, quociente, percebeu que com ela
Não formava mais um todo, uma unidade,
Mas um triângulo, assim chamado amoroso.

Nesse problema, ela era uma fração, a mais ordinária;
Mas, foi então que Einstein descobriu a Relatividade
E tudo que era espúrio passou a ser moralidade,
Como sempre ocorre em qualquer sociedade.

(Autor Desconhecido)

REDUNDÂNCIAS

Diz Pasquale Cipro Neto sobre a redundância na fala entre os mais distraídos:

1) Planos ou projetos para o futuro. Você conhece alguém que faz planos para o passado? Só se for o Michael Fox no filme "De volta para o Futuro".

2) Criar novos empregos. Alguém consegue criar algo velho?

3) Habitat natural. Todo habitat é natural. Consulte um dicionário.

4) Prefeitura Municipal. No Brasil só existem prefeituras nos municípios.

5) Conviver junto. É possível conviver separadamente?

6) Sua autobiografia. Se é autobiografia, já é sua.

7) Sorriso nos lábios. Já viu sorriso no umbigo?

8) Goteira pingando. Tem que pingar para ser goteira.

9) Estrelas do céu. Paramos à noite para contemplar o lindo brilho das estrelas do mar?

10) Capitão de Mar e Guerra da Marinha. Posto só existente na Marinha.

11) Manter o mesmo time. Pode-se manter outro time? Nem o Felipão consegue!

12) Labaredas de fogo. De que mais as labaredas poderiam ser? De água?

13) Pequenos detalhes. Se é detalhe, então já é pequeno. Existem grandes detalhes?

14) Erário público. O dicionário ensina que erário é o tesouro público, por isso, só erário basta!

15) Despesas com gastos. Despesas e gastos são sinônimos!

16) Encarar de frente. Você conhece alguém que encara de costas ou de lado?

17) Monopólio exclusivo. Ora, se é monopólio, já é total ou exclusivo...

18) Ganhar grátis. Alguém ganha pagando?

19) Países do mundo. E de onde mais podem ser os países?

20) Viúva do falecido. Até prova em contrário, não pode haver viúva se não houver um falecido.

RESÍDUOS LINGUÍSTICOS POUCO CONHECIDOS DO INDO-EUROPEU

DÁCIO

A antiga região da Dácia se encontrava na margem norte do Danúbio, delimitada ao norte e a nordeste pelos Cárpatos orientais. Estava separada da Trácia pela região da Mésia.

Ainda hoje é um enigma o fato de que a moderna Romênia fale uma língua latina, após um período de ocupação romana tão breve. Não sabemos como era sua língua. O estudo onomástico e toponímico da região tem ajudado a estabelecer duas áreas linguísticas diferentes, a Trácia e a Dácia ou Daco-Mísia. Dois interessantes topônimos são:

- Cárpatos: procedente de *korpa, 'penha', 'risco' (albanês: karpë);
- Odessa: *udesios, da raiz *ud-/ued-, 'água' (grego hýdor).

A toponímia dácia utiliza o elemento –daya < *dheua, da raiz *dhe, 'por', 'colocar' (grego: títhemi).

O dácio se diferencia do trácio:

- Pela alteração de *e larga em /ael/, transcrita como a, ia, que logo evolui para /i/;
- Na passagem de *u para /o/;
- Para alguns, o trácio tem uma rotação consonântica inexistente no dácio.

Uma e outra são línguas /a/ e apresentam como sonoras as antigas aspiradas sonoras. A desinência do genitivo singular temático resulta ser do antigo ablativo em *-od, igual ao báltico, eslavo e celtibérico.

Contudo, se o dácio ou daco-mísio é um grupo indo-europeu independente ou não, é uma questão ainda por resolver.

FRÍGIO

Os frígios, mencionados já no século XII a.C., instalaram-se na Ásia Menor, mas procediam, com toda a certeza, dos Bálcãs. No momento de seu maior apogeu (século VII a.C.), ocuparam quase toda a metade ocidental da atual Turquia. No século VI, passaram a formar parte do Império Persa e depois se integraram parte a Pérgamo e parte a Galáctica.

Conhecemos o frígio graças a algumas glosas de fontes gregas, aos antropônimos e a aproximadamente duzentas inscrições:

1. Distingue a/o de a/o;
2. As sonantes vocalizam em ‘a’;
3. As sonoras aparecem como surdas e as aspiradas como sonoras;
4. Apresenta aumento verbal;
5. Diferencia claramente entre aoristo e perfeito.

Não sabemos quando desapareceu, mas a partir do século IV d.C. já não há inscrições em frígio (RN).

ILÍRIO

A Ilíria histórica estava situada nas orelhas do Adriático, em territórios que atualmente correspondem à Croácia, Bósnia e Albânia. Pelo Norte se estendia até o golfo de Veneza e pelo Sul até Macedônia e Epiro.

Não sabemos quando se deixou de falar o Ilírio. Mas, a julgar por S. Jerônimo, que era Ilírio, o idioma sobreviveu à romanização, posto que se falava ainda no final do século IV e princípios do século V d.C. No século VII, os eslavos penetraram nos Bálcãs e eslavizaram a antiga Ilíria, ocasião em que a língua se perdeu, embora o albanês seja descendente do ilírio, tendo-a preservado.

Desde o Renascimento, são conhecidas inscrições na língua dos messápios, habitantes da Apúlia. O material ilírico garante a condição indo-europeia de sua língua, mas não nos permite uma caracterização precisa. Entre os pontos mais prováveis está a aparição das aspiradas sonoras como sonoras e a confusão do /â/ e /ô/ em /a/, em ambos os lados do Adriático. Em troca, não se deixa estabelecer com clareza o caráter centum/satam, já que não se encontram na Península Balcânica exemplos de ambos os sentidos, se bem que o material centum pertence basicamente ao conjunto onomástico norte-ocidental.

Em messápio, as coisas tampouco estão demasiadamente claras. Recentemente, M.M. Radulescu tentou incluir o ilírio em um amplo grupo dialetal do qual participariam o trácio, o báltico, o daco-mísio e, de forma menos estreita, também o germânico e o eslavo.

Em resumo, há que se descartar do conjunto ilírio o *vêneto,* e considerá-lo dentro do grupo itálico: apresenta a/ô diferenciadas e um tratamento fricativo surdo das aspiradas. Em troca, embora falte material da Ilíria, parece verossímil o caráter ilírio do messápio. (RN)

LÍGURE

O nome deste povo perdurou até nossos dias na Ligúria italiana. A essa gente pertenceu toda a Costa Azul e a Riviera. De sua língua somente conhecemos diversas glosas, parte delas consideradas indo-europeias, topônimos e antropônimos. Talvez o lígure tenha sido o resultado histórico de um dos dialetos indo-europeus da antiga Europa. Seja qual for a sua filiação, o certo é que os lígures sofreram uma forte pressão dos celtas e já em 14 a.C., foram submetidos por Augusto (RN).

MACEDÔNIO E PEÔNIO

Os peônios habitaram o vale do Rio Axio, atual Vardar, em uma região repartida hoje entre a Macedônia, Grécia e Bulgária.

De sua língua restou nomes como Pontos, 'rio' < *ponktos, 'pantanoso'; stobi, 'cidade', etc. À medida que tão exíguo material permite estabelecer, o peônio se diferencia do trácio e do ilírio nos seguintes aspectos:

- Apresenta a/o diferenciados;
- Não existem indícios de palatalização *satam.*

A Macedônia antiga localizava-se no norte da Tessália, separando a Hélade da Trácia. Dentre as poucas palavras genuinamente macedônicas que se conservam, há algumas com tratamentos fonéticos muito diferentes dos da língua grega:

- *dh > d: áde, 'céu', frente ao grego aíther;
- R final desaparece após vogal larga;
- S intervocálico provavelmente > Z: áliza é um nome de árvore;
- *a- frente ao grego /o/: abroûwes/ophrýes, 'sobrancelhas'.

Todos estes fenômenos estão atestados por uma só glosa. A impressão geral é que se trata de uma língua diferente do grego, mas em que grau o seja é uma questão ainda sem resposta. (RN).

TRÁCIO

Para ser especialista em trácio, não é necessário ser uma águia porque só se conserva una inscrição em um anilho de ouro, esse sim, que data do século V a.C. Além do mais é de leitura duvidosa. Também, há alguns nomes de lugares e de pessoas.

Desapareceu em torno do século IV d. C., mas isso também é duvidoso.

VÊNETO

É a língua de trezentas inscrições achadas no Vêneto, datadas dos últimos cinco séculos antes de Cristo. Nos anos 40, Krahe, que inicialmente havia defendido seu caráter ilírio, passou a considerá-lo como pertencente a um grupo independente, que apresentava vinculações dialetais com o germânico, o itálico e o ilírio. O último grande especialista e editor dos textos vênetos, A.L. Prosdócimo, se inclina por sua filiação itálica e sua vinculação ao Latim, para o que apresenta os seguintes argumentos:

- O vêneto trata as antigas aspiradas indo-europeias de forma similar ao Latim: *bh *dh > f/b;
- Passiva em /r/;
- L, r > ol, ur;
- Dativo plural em /bos/, genitivo singular temático em /i/;

Mas, a exemplo das línguas itálicas restantes, segue-se discutindo se são mais antigas as coincidências ou as discrepâncias. (RN)

Fontes:

A Aventura das Línguas no Ocidente - Henriette Walter
As Línguas do Mundo - Charles Berlitz
Enciclopédia Larrousse
Português Prático - José Marques da Cruz
Internet – Google – Site: Ethnologue Language Family Index – Joseph E. Grimes e Barbara F. Grimes.

RESOLVAM ESTA!

Eu, Tu e Ele... Fomos comer num restaurante e, no final, a conta foi de R$30,00.

Fizemos o seguinte: cada um de nós contribuiu com dez reais...

-Eu: R$ 10,00;

-Tu: R$ 10,00;

-Ele: R$ 10,00;

O garçom levou o dinheiro até o caixa, e o dono o restaurante lhe disse o seguinte: Esses três são clientes antigos meus. Resolvi dar um desconto de R$5,00 para eles!...

E entregou ao garçom cinco notas de R$ 1,00.

O garçom, muito esperto, fez o seguinte: tirou R$ 2,00 para si e deu R$1,00 para cada um de nós.

No final ficou assim:

-Eu: R$ 10,00 (- R$1,00 que foi devolvido) = Eu gastei R$9,00;

-Tu: R$ 10,00 (- R$1,00 que foi devolvido) = Tu gastaste R$9,00;

-Ele: R$ 10,00 (- R$1,00 que foi devolvido) = Ele gastou R$9,00.

Logo, se cada um de nós gastou R$9,00, o que nós três gastamos juntos foi R$27,00.

E se o garçom ficou com R$2,00, temos:

-Nós: R$27,00

-Garçom: R$2,00

TOTAL: R$29,00

Pergunta-se:

-Onde, raios, foi parar o outro R$1,00?

(Autor Desconhecido)

SERÁ QUE DEUS ESTÁ ME OUVINDO?

FATOR FÉ

Como os fiéis podem saber se Deus realmente atendeu a suas preces? Depende do ponto de vista. Se você acredita, nenhuma prova é necessária; se não acredita, nenhuma será suficiente.

Gary Habermas, presidente do Departamento de Filosofia da Universidade Liberty, é, por crença e hábito, um homem que reza. Nos anos 80, mantinha lista com centenas de nomes, a maioria de pessoas que sequer conhecia. Rezava por seus empregos, sua saúde, suas crianças e, depois de observar número considerável de casos de cura, concluiu que a oração pessoal funciona. Assim, quando a avó de 87 anos caiu seriamente doente, sentou-se ao lado dela na cama e começou a "rezar para valer". Para sua alegria, ela se recuperou.

Em maio de 1995, quando a esposa, de 23 anos, soube que estava com câncer no estômago, ele rezou com mais força do que nunca. Não queria ser egoísta, queria apenas rezar. *Se não for Vossa vontade que ela se salve, então seja feita Vossa vontade.* Mas também não queria parecer indiferente. *Realmente desejo que ela se recupere.*

Naquela ocasião Deus falhou. Debbie morreu. Só que, antes de morrer, disse ao marido: "Deus falou comigo. Três palavras. Eu amo você".

Habermas viu-se dividido entre a dor e a gratidão. "Ela sempre duvidara do amor divino e agora estava tão certa do amor Dele quanto do meu", conta. "Acredito que minhas preces foram atendidas. Isso é diferente de saber qual será a resposta".

Para os que não creem, oração de qualquer espécie é tolice. No livro **O Mundo perseguido pelo demônio: a**

ciência como luz na escuridão, escrito um ano antes de morrer, o astrônomo Carl Sagan classificou a oração, juntamente com astrologia, bruxaria e poderes paranormais como exemplos de persistência da irracionalidade. E embora a crença na existência dos buracos negros se baseasse apenas em provas indiretas, ele afirmava não haver qualquer evidência de que Deus atende às preces.

EXISTE PROVA?

Segundo alguns teólogos, a ciência moderna apresenta modelos cada vez mais evidentes de como o mundo funciona. Sendo assim, a religião, se quiser continuar intelectualmente confiável, precisa conciliar ideias sobre Deus com leis universais da natureza.

Mas, então, como explicar milagres? Para vários crentes, milagres são atos diretos de Deus, muitas vezes em resposta à prece. Para cientistas, como o físico Paul Davies, da Universidade de Adelaide, Austrália, um evento só é inexplicável quando não podemos compreendê-lo.

Porém, enquanto a comunidade científica ainda não tem meio de provar os atos de Deus, há cientistas – médicos, por exemplo – que estão convencidos de que a oração é capaz de melhorar a saúde de um paciente. Alguns estão inclusive fazendo testes para tentar confirmar a teoria.

Uma das experiências mais intrigantes começou em setembro de 1996, envolvendo 60 pacientes do Centro de Tratamento de Dores e Artrite, em Clearwater, Flórida. Como a artrite reumatoide apresenta determinados sintomas – como juntas inchadas – o alívio desses males pode ser observado com facilidade.

Cerca de dois terços dos pacientes recebem orações durante quatro dias, através do tradicional método católico das mãos juntas. Metade deles recebe também, durante seis meses, preces feitas à distância. Um terceiro grupo, de "controle", não recebe prece alguma. Todos os participantes têm tratamento médico normal e são examinados pelos clínicos do Centro ao longo do estudo. Os *check-ups* são feitos logo após a oração. Outros são realizados um mês depois, três meses, seis meses e finalmente um ano após.

Alguns participantes já começam a experimentar melhoras.

"Está acontecendo algo estranho. Estou adorando", diz uma paciente. No início, ela apresentava dores em 49 juntas do corpo. Depois de quatro sessões de oração, tinha apenas oito juntas doloridas. Seis meses após, já não precisava tomar remédios para dor.

No entanto, o doutor Dale A. Matthews, que dirige a experiência, não espera que todos os pacientes apresentem resultados tão positivos.

QUANDO O RUIM ACONTECE

Um dos maiores problemas em pedir a Deus é que nem sempre Ele atende. Quando atende a alguns e não a outros, parece que tem favoritos. Deus é injusto ou simplesmente parece sê-lo?

A pergunta é tão velha quanto o Livro de Jó. Fiéis têm lutado desde então com a resposta que Deus dá: "Quem tem queixa contra Mim pela qual Eu deva pagar?".

Os deístas acham que Deus fez o universo e depois se afastou. A visão de um Deus que pode agir, mas não o faz, é inquietante. Os judeus continuam se perguntando como pôde acontecer algo tão terrível quanto o Holocausto. Isso pode provocar ceticismo quanto ao poder da oração. As preces para pedir algo não são alheias à fé judaica, porém a maioria dos rabinos prefere que se reze pedindo sabedoria, não alívio. O rabino Harold Kushner, autor de *Quando*

Coisas Ruins Acontecem a Pessoas Boas, revela: "Não gosto da ideia de que quando rezamos e não somos atendidos Deus analisou o pedido e disse não. Nada conheço da natureza de Deus. Só sei que a prece enriquece minha vida".

Ainda assim, para muitos, a oração de súplica pode ser tão poderoso quanto misteriosa. Numa noite silenciosa, bem tarde, no interior do estado de Nova Iorque, certa jovem decidiu cortar caminho, quando ia para casa, através de um beco escuro e íngreme. Logo ouviu passos atrás, mais rápidos que os dela. Um instante depois um homem agarrou-a, enrolando um cachecol em seu pescoço e rasgando suas calças.

Em casa, a mãe da jovem acordou de um sono profundo, apavorada, sentindo que algo terrível estava para acontecer à filha. Imediatamente se ajoelhou ao lado da cama e rezou. Por quinze minutos implorou a Deus que protegesse à filha. Convencida da proteção divina, voltou para a cama e dormiu. Enquanto isso, no beco escuro, o estuprador parou. Ergueu a cabeça – como se fosse uma fera – e disparou ladeira abaixo.

Coincidência? Sorte? Ou intervenção divina? Quase vinte anos depois, mãe e filha têm certeza daquilo em que acreditam. Que o demônio estava naquele beco – e foi Deus quem o mandou embora. Os céticos podem descartar a ideia de um Deus pessoal e transcendental que atende às orações, porém os bancos das igrejas estão cheios de gente que pensa o contrário.

(**Kenneth L. Woodward** – Revista News Week)

SEU DESEJO, SUA IDADE

Não vá diretamente ao final

Não demora mais de um minuto. Faça os cálculos conforme vai lendo o texto... Não leia o final antes que efetue os cálculos. Você não vai perder tempo, vai se divertir.

1. Quantas vezes por semana você gostaria de comer fora? (deve ser um número maior que Zero e menor que Dez);

2. Multiplique este número por **2** (para ser par);

3. Some **5**;

4. Multiplique o resultado por **50** – Vou esperar que ponha a calculadora para funcionar.

5. Se fez anos em 2023, some **1773**. Se ainda não o fez, some **1772**.

6. Agora, subtraia o ano em que nasceu (número de quatro dígitos).

O resultado é um número de três dígitos. O primeiro dígito é o número de vezes que gostaria de comer fora durante a semana.

Os dois números seguintes são…

A SUA IDADE! (Sim, a sua idade!).

(Autor Desconhecido)

Válido para o ano de 2023.

Para os anos seguintes adicione uma unidade a cada número mencionado no item 5

SOBRE A VÍRGULA

Vírgula pode ser uma pausa... Ou não:
Não, espere.
Não espere...

Ela pode sumir com seu dinheiro:
23,4.
2,34.

Pode criar heróis:
Isso só, ele resolve.
Isso só ele resolve.

Ela pode ser a solução:
Vamos perder, nada foi resolvido.
Vamos perder nada, foi resolvido.

A vírgula muda uma opinião:
Não queremos saber.
Não, queremos saber.

A vírgula pode condenar ou salvar:
Não tenha clemência!
Não, tenha clemência!

Uma vírgula muda tudo!
ABI: 100 anos lutando para que ninguém mude uma vírgula da sua informação.

Detalhes Adicionais:

Se o homem soubesse o valor que tem a mulher andaria de quatro a sua procura.

Se você for mulher, certamente colocou a vírgula depois de MULHER...
Se você for homem, colocou a vírgula depois de TEM...

Muito oportuna a campanha dos 100 anos da ABI (Associação Brasileira de Imprensa)

TAUTOLOGIA

É o termo usado para definir os vícios mais comuns de linguagem. Consiste na repetição desnecessária de uma ideia, de maneira viciada ou errada, com palavras diferentes, mas com o mesmo sentido.

O exemplo clássico é o famoso 'subir para cima' ou o 'descer para baixo'. Porém, há outros, como podemos ver na lista seguir.

- A razão é porque
- A seu critério pessoal
- Abertura inaugural
- Acabamento final
- Amanhecer o dia
- Anexo junto à carta
- Certeza absoluta
- Comparecer em pessoa
- Continuar a permanecer
- Conviver junto
- Criação nova
- Demasiadamente excessivo
- Descer para baixo
- Detalhes minuciosos
- Elo de ligação
- Em duas metades iguais
- Empréstimo temporário
- Encarar de frente
- Entrar para dentro
- Escolha opcional
- Exceder em muito
- Expressamente proibido
- Fato real
- Gritar bem alto

- Há anos atrás
- Junto com
- Livre escolha
- Multidão de pessoas
- Nos dias 8, 9 e 10, inclusive
- Outra alternativa
- Planejar antecipadamente
- Possivelmente poderá ocorrer
- Propriedade característica
- Quantia exata
- Retornar novamente
- Sair para fora
- Senado Federal (constitui um pleonasmo, mas não vicioso)
- Sintomas indicativos
- Subir para cima
- Superávit positivo
- Surpresa inesperada
- Todos foram unânimes
- Última versão definitiva
- Vereador da cidade

Note que todas essas repetições são dispensáveis.
Por exemplo, 'Surpresa Inesperada'. Existe alguma surpresa esperada? É óbvio que não!
Devemos evitar o uso de repetições desnecessárias. Fique atento às expressões que utiliza no seu dia a dia.

(Autor Desconhecido)

TESTE DE GENIALIDADE

1° Teste:

Rápido e impressionante: conte quantas letras "F" tem no texto abaixo sem usar o mouse:

FINISHED FILES ARE THE RE-

SULT OF YEARS OF SCIENTIF-

IC STUDY COMBINED WITH

THE EXPERIENCE OF YEARS

Contou?

Somente leia abaixo após ter contado os "F".

OK?

Quantos? 3? Talvez 4?

Errado, são **6** (seis) - Não é piada! Volte para cima e leia mais uma vez!

A explicação está mais abaixo...

O cérebro não consegue processar a palavra "OF".

Loucura, não?

Quem conta todos os 6 "F" na primeira vez é um "gênio", 3 é normal, 4 é mais raro, 5 mais ainda, e 6 quase ninguém.

2º Teste

Sou Diferente?
Faça o Teste abaixo:

Alguma vez já se perguntou se somos mesmo diferentes ou se pensamos a mesma coisa?
Faça este exercício de reflexão e encontre a resposta! Siga as instruções e responda as perguntas, uma de cada vez – Mentalmente - e tão rápido quanto possível, mas não siga adiante até ter respondido a anterior. E se surpreenda com a resposta!
Agora, responda uma de cada vez:

Quanto é:

15+6 3+56 89+2 12+53 75+26 25+52
63+32 123+5

Sim, os cálculos mentais são difíceis, mas agora vem o verdadeiro teste. Seja persistente e siga adiante.

Rápido! Pense em uma ferramenta e uma cor.

E siga adiante...
Mais um pouco...
Um pouco mais...

Pensou em um martelo vermelho, não e verdade? Se não, você é parte de 2% da população que é suficientemente diferente para pensar em outra coisa. 98% da população responde martelo vermelho quando resolve este exercício. Seja qual for a explicação para isso, mandem para seus amigos para que vejam se são normais ou não!

(Autor Desconhecido)

TESTE DE LÓGICA

Não veja a resposta antes de pensar...

Você está dirigindo um ônibus que vai do Rio de Janeiro para Fortaleza.

No início, temos **32** passageiros no ônibus. Na primeira parada, **11** pessoas saem do ônibus e **9** entram. Na segunda parada, **2** pessoas saem e **2** entram. Na parada seguinte, **12** pessoas entram e **16** pessoas saem. Na próxima parada, **5** pessoas entram e **3** saem.

-Qual a cor dos olhos do motorista do ônibus?

PENSE!

PENSE!

PENSE!

CONSIDERE:

A chave para entender o problema é prestar atenção na informação certa. Se nos preocupamos com o número de pessoas que entra e sai do ônibus, estamos dando atenção à informação desnecessária. Ela nos distrai da informação importante. A resposta para o problema está na primeira sentença.

PORQUE:

VOCÊ está dirigindo o ônibus.

Então, a cor dos olhos do motorista é a cor dos SEUS olhos.

Se você não acertou, não se preocupe. A maioria das pessoas não responde corretamente.

Se você acertou, você tem uma excelente habilidade para resolver problemas.

(Autor Desconhecido)

TESTE PSICOLÓGICO REAL

Durante o funeral de sua mãe, uma garota conheceu um rapaz que nunca tinha visto antes.

Ela o achou tão maravilhoso que acreditou ser ele o homem de sua vida.

Apaixonou-se por ele, mas não o viu novamente desde então.

Dias depois, ela matou a própria irmã.

????

Tente responder. Não vá ao final sem antes de ter pensado em uma resposta!

Resposta:

Ela esperava que o rapaz pudesse aparecer de novo no funeral de sua irmã.

Se você acertou a resposta, você pensa como um psicopata.

Esse é um famoso teste psicológico americano para reconhecer a mente de assassinos seriais.

Muitos assassinos presos acertaram a resposta. Se você errou... Bom pra você e para seus amigos.

E, principalmente, para a sua irmã.

(Autor Desconhecido)

TESTE SUA INTELIGÊNCIA

Este é um teste, que foi utilizado para eliminar parte dos mais de 1.500 candidatos na seleção de um novo Gerente Financeiro para a GM-USA, em 1988. Composto por apenas quatro perguntas, eliminou cerca de 80% deles!

O candidato tinha apenas um minuto para ler todas as perguntas diante do entrevistador, memorizar as respostas e, após, era perguntado sobre as respostas, uma a uma, oralmente.

Será que você conseguiria continuar no processo de seleção depois desta prova?

1- Você está competindo em uma corrida, e ultrapassa o corredor que está em segundo lugar. Em que posição você está agora?

Resposta: Se você respondeu que agora está em primeiro, está completamente errado. Se passou o que está em segundo lugar e ficou no lugar dele, então agora você é o segundo. Da próxima vez, tente não ser tão tolo.

2 - Se você ultrapassou o último corredor, em que posição você está agora?

Resposta: Se você respondeu o penúltimo, mais uma vez errou feio. Pense... Como você pode ultrapassar a pessoa que vem por último? Se você vinha atrás de todos os corredores, como é que o que está à sua frente pode ser o último? Não há resposta possível nesse caso.
Parece que pensar não é mesmo o seu ponto forte, hein?

Mas não faz mal, você ainda tem chance. Mas não use calculadora nem lápis e papel.
Lembre-se que suas respostas têm de ser instantâneas.

3 - Pegue o número 1.000. Some 40. Some mais 1000 Adicione 30. Adicione 1.000 Mais 20. Mais 1.000 E mais 10. Qual é o total?

Resposta: 5.000? Errou de novo? Esta era mais fácil! A resposta correta é 4.100. Pode refazer o cálculo, ou dessa vez use uma boa calculadora, se quiser.
Tente a última pergunta agora, quem sabe?

4 - O pai de Maria tem cinco filhas:

1. Chacha
2. Chichi
3. Chocho
4. Cheche
5. **???**

Pergunta: Qual é o nome da quinta filha?

Resposta: Chuchu? ERRADO! Obviamente, é Maria! Você leu corretamente a pergunta?

Vê? De nada adiantou estudar tantas fórmulas... O que vale é PENSAR!

Bernhard van Caspel
vancarspel@terra.com.br

VINTE DICAS PARA O SUCESSO

01 - Elogie três pessoas por dia;

02 - Tenha um aperto de mão firme;

03 - Olhe as pessoas nos olhos;

04 - Gaste menos do que ganha;

05 - Saiba perdoar a si e aos outros;

06 - Trate os outros como gostaria de ser tratado;

07 - Faça novos amigos;

08 - Saiba guardar segredos;

09 - Não adie uma alegria;

10 - Surpreenda aqueles que você ama com presentes inesperados;

11 - Sorria;

12 - Aceite sempre uma mão estendida;

13 - Pague suas contas em dia;

14 - Não reze para pedir coisas. Reze para agradecer e pedir sabedoria e coragem;

15 - Dê às pessoas uma segunda chance;

16 - Não tome nenhuma decisão quando estiver cansado ou nervoso;

17 - Respeite todas as coisas vivas, especialmente as indefesas;

18 - Dê o melhor de si no seu trabalho;

19 - Seja humilde, principalmente nas vitórias;

20 - Jamais prive uma pessoa de esperança. Pode ser que ela só tenha isso.

(Luiz Almeida Marins Filho, Ph.D.)

VINTE FATOS CIENTÍFICOS QUE MAIS PARECEM FICÇÃO

A ciência é tão ampla que pode guardar segredos inacreditáveis. Confira a nossa lista de curiosidades científicas surpreendentes.

Algumas dessas curiosidades envolvem diversas áreas do saber. Em geral, são bastante interessantes e chamam a atenção, pois se tratam de dados que poderiam estar presentes em filmes de ficção científica.

1. O Sol realiza um processo de conversão de 600 milhões de toneladas de hidrogênio em hélio a cada segundo. Isso, porque o astro realiza fusão nuclear ininterruptamente.

2. Se uma pessoa gritasse durante 8 anos, 7 meses e 6 dias seria capaz de produzir energia suficiente para aquecer uma xícara de café. Você sabia algo sobre essa curiosidade?

3. A Terra orbita em torno do Sol a uma velocidade de, aproximadamente, 107 mil quilômetros por hora.

4. De modo geral, a energia produzida por um furacão, em 10 minutos, é superior a todas as armas nucleares do mundo juntas.

5. Um volume do tamanho da cabeça de um alfinete de uma estrela de nêutrons tem uma massa de, aproximadamente, uma tonelada.

6. De maneira geral, a chance de uma pessoa viver 116 anos é de 1 para 2 bilhões.

7. A parte mais profunda do oceano pode ter 11 mil metros. No entanto, ainda são locais que guardam muitos segredos e curiosidades científicas.

8. Apesar de a temperatura do Sol ser muito elevada, ela pode ser superada. Isso porque, quando cai, um raio pode atingir uma temperatura superior à superfície solar.

9. Se todos os vasos sanguíneos do corpo humano fossem reunidos, a distância percorrida pela sua extensão seria de 96 mil quilômetros.

10. De modo geral, os raios atingem a velocidade de 6 quilômetros por segundo para descargas com polaridade positiva e 304 quilômetros por segundo para as descargas de polaridade negativa.

11. Apesar de nascermos com 270 ossos, essa quantidade chega a 206 na vida adulta. Isso porque os ossos se fundem ao longo da vida.

12. Normalmente, o eco que ouvimos é causado pela repetição de um som pela reflexão da sua onda sonora. Conhecia essa curiosidade física?

13. Apesar de não haver um número exato, estima-se que exista 10 bilhões de galáxias no Universo.

14. Apesar de estabelecermos que um dia tem 24 horas, o tempo correto é de 23 horas e 56 minutos. E é por isso que a cada quatro anos temos o fenômeno conhecido como ano bissexto. Creio que todos que tinham curiosidade nesse dia a mais ficou satisfeito agora.

15. Vamos para mais uma curiosidade do Universo. Mesmo que a gente não perceba, a luz solar demora 8 minutos e 20 segundos para viajar até a Terra.

16. Certamente, você já deve ter ouvido o termo Superlua e deve ter despertado a sua curiosidade. Esse nome não é em vão, porque, durante o fenômeno, o diâmetro do satélite aumenta 14%, ao ser vista da Terra.

17. De modo geral, um ser humano adulto respira em torno de 550 litros de oxigênio diariamente.

18. Mesmo já sendo gigante, o Monte Everest continua crescendo. Desse modo, estima-se que o monte cresça 4 milímetros anualmente.

19. Esta curiosidade é surpreendente. Os animais mais letais do mundo são os mosquitos, que causam até 725 mil mortes humanas anualmente.

20. A formiga é capaz de levantar até 50 quilos a mais que seu próprio peso.

Fonte: Brasil Escola, Planeta Biologia

VOCÊ É BOM EM MATEMÁTICA?

Vamos lá!

-Qual é o próximo número da sequência abaixo?
2, 10, 12, 16, 17, 18, 19, ...

Resposta abaixo...

Não vale ler antes...

Tem que pensar bastante...

Seja honesto (a), hein? .

...

...

...

Resposta:

O próximo número da sequência é 200, porque todos os números começam com a letra D.

(Cruel... não?)

(Autor Desconhecido)

VOCÊ SABIA?

Batatinha quando nasce, esparrama pelo chão.
O correto é: Batatinha quando nasce, espalha a rama pelo chão.

Cor de burro quando foge.
O correto é: Corro de burro quando foge.

Cuspido e escarrado.
O correto é: Esculpido e Encarnado **ou** Esculpido em Carrara.

Esse menino não para quieto. Parece que tem bicho carpinteiro.
O correto é: Esse menino não para quieto. Parece que tem bicho no corpo inteiro.

Fiar (mais) fino – Fazer um trabalho bem feito.
Piar (mais) fino – É uma **clara adaptação** da frase anterior: Falar sem levantar a voz, ou seja, não cantar de galo; baixar a bola.

Fazer ouvidos de mercador (Fazer ouvidos moucos, fingir que não ouve).
O correto é: Fazer ouvidos de marcador
Marcador era a pessoa que, na época de Escravidão, marcava os escravos negros a ferro quente. Ele fingia não ouvir os gritos de dor e seguia com o seu trabalho.

Hoje é domingo, pé de cachimbo.
O correto é: Hoje é domingo, pede cachimbo.

Pé de Moleque.

O correto é: Pede, moleque! (Vendedor ralhando com um menino que lhe roubou um doce)

Quem tem boca vai a Roma.
O correto é: Quem tem boca vaia Roma (isso mesmo, do verbo vaiar)

Quem não tem cão, caça com gato.
O correto é: Quem não tem cão, caça como gato... ou seja, sozinho.

(Fontes diversas, sem informação de autoria)

VOCÊ VAI RIR... POR ÚLTIMO!

1 – Tão... Que...

Tão ambicioso que o único exercício físico que fazia era correr atrás de dinheiro.

Tão apagado que seu único brilho era o dos sapatos.

Tão baixa era a sua autoestima que fugia quando avistava um caminhão de lixo.

Tão carente que, quando o churrasqueiro lhe perguntava: “Coração?”, ela respondia: “Que foi, amor?”

Tão chato que até as pessoas que não o conheciam não gostavam dele.

Tão confiante de sua ida para o céu que, no fim da vida, aprendeu a tocar harpa.

Tão cruel que era capaz de jogar as duas pontas da corda para quem estivesse se afogando.

Tão desacreditado que, quando se casou, o juiz dispensou as testemunhas e exigiu dois avalistas.

Tão desconfiado que sempre contava os dedos depois de apertar as mãos de alguém.

Tão desengonçado que, depois de seu nascimento, o pai foi ao zoológico e atirou pedras na cegonha.

Tão egoísta que só dividia com os outros as suas doenças transmissíveis.

Tão engraçado que não conseguia ter um relacionamento sério.

Tão estranho era o seu conceito de liberdade que fugiu da prisão para se casar.

Tão estreita a sua visão que era capaz de olhar pelo buraco da fechadura com os dois olhos.

Tão falto de dinheiro que só conversava fiado.

Tão feio que, quando ia ao zoológico, os macacos lhe atiravam amendoins.

Tão fraco que seu coração já não batia, apanhava.

Tão franzino que, quando ficava de frente, parecia que estava de lado; e quando ficava de lado, parecia já ter ido embora.

Tão gordo que precisava dar dois passos à frente para conseguir abotoar o paletó.

Tão grosseiro que compensava com estupidez o que lhe faltava em inteligência.

Tão grotesca era a sua aparência que ninguém ousava chamá-lo “nosso semelhante”.

Tão guloso que era capaz de comer tudo que não o mordesse primeiro.

Tão incompetente que só tinha uma utilidade na vida: um exemplo que não devia ser imitado.

Tão inexpressivo que, quando alguém queria ficar só, ele não precisava retirar-se.

Tão ingênuo que procurava ovinhos em relógio cuco.

Tão importante para a comunidade quanto um muro para um cemitério.

Tão inteligente que requereu ao juiz a mudança de seu nome para Eugênio.

Tão linguaruda que, quando não tinha nada para falar de alguém, ia ao padre e falava de si mesma.

Tão macho que o seu lado feminino era "sapatão".

Tão magro que, quando vestia um terno preto, ficava parecendo um lápis.

Tão mal-acabado que, quando ia ao zoológico, comprava dois ingressos: um para entrar e outro para poder sair.

Tão maldoso que estudou radiologia só para ver a caveira dos outros.

Tão maravilhosos eram os seus olhos que usava óculos, explicando que eles precisavam de uma vitrine.

Tão mau pagador que até seu título de eleitor foi protestado.

Tão mesquinho que só aceitava pedidos de desculpas em dinheiro.

Tão míope que perdeu um contrabaixo numa quitinete.

Tão mórbido que, quando sentia cheiro de flores, saía procurando o enterro.

Tão obscuro que iluminava qualquer ambiente. Ao sair.

Tão otário que, no teatro da vida, só fazia papel de trouxa.

Tão pequenino que, quando chovia, era o último a saber.

Tão pessimista que nunca via uma luz no fim do túnel, mas um túnel no fim da luz.

Tão piegas que ninguém sabia se ele precisava de um abraço ou de uns tapas na cara.

Tão preguiçoso que evitava pensar para não ficar exausto.

Tão precoce que não amadureceu: ficou podre na primeira infância.

Tão recatado que nenhum telepata conseguia ler os seus pensamentos: os tipos eram muito pequenos.

Tão seguro de si que dizia sempre: ”Se eu concordasse com você, estaríamos os dois errados”

Tão simples que não tinha outra ambição na vida além de respirar.

Tão sincero que, quando se atrasava para algum compromisso, dizia: “Desculpem-me do atraso, é que eu não queria vir”.

Tão sistemático que, quando fazia exames de laboratório, pedia a devolução das amostras.

Tão subserviente que não tinha complexo de inferioridade: era apenas inferior.

Tão vagabundo que preferia mais uma mão inchada que uma enxada na mão.

Tão violento que os pais só batiam nele em legítima defesa.

(Fontes Diversas)

2 – Afirmações, perguntas respostas e comentários francos, grosseiros ou espirituosos

A maioria das pessoas vive e aprende. Você só vive!

A última vez que vi alguém feio como você tive de comprar ingresso!

A vida é feita de escolhas. Engraçado, escolhi ser rico e até agora nada!

Algum dia você vai se conhecer melhor... E que desilusão!

As suas curvas perigosas se transformaram em desvios abandonados!

Colocam cabeças mais inteligentes que a sua em palitos de fósforos.

Com quem penso que eu estou falando?... Quantos palpites eu posso dar?

Descobri um lugar ótimo para você ficar: na sua!

Ele é muito responsável. Sempre que acontece alguma coisa errada, ele é o responsável.

Eu não tem medo do trabalho. Somos inimigos há muito tempo!

Fale-me de você... Adoro histórias de terror!

Já preencheu aquele vazio?... Refiro-me àquele espaço entre as suas duas orelhas.

Mais uma ruga e ela vira uma passa...

Na frase "Amo acordar cedo", o sujeito está louco ou aposentado.

Não adiantar insistir, professor, a cabeça dele é à prova de som!

Não consigo esquecer a primeira vez que nos encontramos... E olhe que eu tenho tentado!

Não que eu seja teimoso, eu só estou sempre certo!

Não se aborreça se alguém fizer você de palhaço. A natureza já fez isso antes!

Não se preocupe se perder o juízo. Não iria sentir a menor falta dele!

Não sei o que faria sem você, minha querida, mas estou disposto a tentar.

Não sou fofoqueiro. Sou um historiador da vida das pessoas.

Ninguém é tão feio quanto na Identidade,
Tão bonito como no Instagram,
Tão feliz como no Facebook,
Tão inteligente como no Twitter,
Tão ausente como no Skype,
Tão des(ocupado) como no WhatsApp
Nem tão bom como no Curriculum Vitae.

O que você tem em mente... Se me permite o exagero?

Ouvi dizer que você foi muito doente em criança. Conseguiu sobreviver?

Pare de se olhar no espelho! Não se cansa de ver um imbecil?

Por favor, feche a boca para que eu possa ver melhor o seu rosto!

Querida, você está com ótima aparência hoje! Quem a embalsamou?

Se alguma coisa que eu disse o ofendeu, acredite que fiz o melhor possível!

Sei que estou falando como um imbecil! Tenho de falar assim para você me entender!

-Soube que você disse que eu sou um idiota! É verdade?
-Eu não disse. Mas, é verdade!

Sua boca parece caixa de correio: aberta dia e noite.

Você ainda vai longe... Só espero que não volte!

Você é do tipo que convida o carteiro para uma caminhada no dia da folga dele.

Você está certíssimo. O errado sou eu de lhe dar atenção!

Você nasceu ignorante e vem perdendo terreno a cada dia que passa.

Você teve um acidente lamentável na infância: nasceu!

Se você não consegue rir de si mesmo, eu posso fazer isso por você.

Tem se olhado no espelho ultimamente ou continua covarde?

(Fontes Diversas)

3 – Pontos de Vista

A esperança é o pão sem manteiga dos desgraçados.

A forca é o mais desagradável dos instrumentos de corda.

A promissória é uma questão “de...vida”. O pagamento é de morte.

A televisão é a maior maravilha da ciência a serviço da imbecilidade humana.

Adolescência é a idade em que o garoto se recusa a acreditar que um dia ficará chato como o pai.

Cleptomaníaco: ladrão rico. Gatuno: cleptomaníaco pobre.

Cobra é um animal careca com ondulação permanente.

De onde menos se espera, daí é que não sai nada.

É mais fácil sustentar dez filhos que um vício.

Este mundo é redondo, mas está ficando muito chato.

Genro é um homem casado com uma mulher cuja mãe se mete em tudo.

Há seguramente um prazer em ser louco que só os loucos conhecem.

Mais vale um galo no terreiro do que dois na testa.

Mulher moderna calça as botas e bota as calças.

Negociata é todo bom negócio para o qual não fomos convidados.

Neurastenia é doença de gente rica. Pobre neurastênico é malcriado.

O advogado, segundo Brougham, é um cavalheiro que põe os nossos bens a salvo dos nossos inimigos e os guarda para si.

O banco é uma instituição que nos empresta dinheiro se nós apresentarmos provas suficientes de que não precisamos de dinheiro.

O voto deve ser rigorosamente secreto. Só assim, afinal, o eleitor não terá vergonha de votar no seu candidato.

Os juros são o perfume do capital.

Pão, quanto mais quente, mais fresco.

Pobre, quando põe a mão no bolso, só tira os cinco dedos.

Quando pobre come frango, um dos dois está doente.

Quem só fala dos grandes, pequeno fica.

Sábio é o homem que chega a ter consciência da sua ignorância.

Senso de humor é o sentimento que faz você rir daquilo que o deixaria louco de raiva se acontecesse com você.

Tudo seria fácil se não fossem as dificuldades.

Um bom jornalista é um sujeito que esvazia totalmente a cabeça para o dono do jornal encher nababescamente a barriga.

Viúva rica com um olho chora e com o outro se explica.

(**Barão de Itararé**)

Informação

Textos selecionados entre 1998 e 2022

Gilson Vieira da Cunha

DADOS BIOGRÁFICOS DO AUTOR

Gilson Vieira da Cunha

Nasceu em Arcos, Minas Gerais, em 06.12.1951. Residiu em Arcos, Ilicínea, Arcos (novamente), Divinópolis, Uberlândia, Bom Despacho e, finalmente, Divinópolis. Graduado em Administração de Empresas, taquígrafo pela Divulgação Taquigráfica Brasileira, diplomado em espanhol pelo Centro de Cultura Anglo-Americana-CCAA e licenciado nesse idioma pelo Instituto Cervantes, de Belo-Horizonte. Casado com Edna Maria Vieira e pai de quatro filhos: Giovani, Adriano, Fernanda e Juliana. Funcionário aposentado do Banco do Brasil.

Autor de: Em Bom Português; Glossários; Tempo-Quente; Assim, Assim; Diz Que Diz; Bons Tempos Aqueles - Primeiras Histórias; Bons Tempos Aqueles - Outras Histórias; Sorria - Textos Humorísticos; Exortações - Coletânea I e Exortações - Coletânea II.

www.ingramcontent.com/pod-product-compliance
Ingram Content Group UK Ltd.
Pitfield, Milton Keynes, MK11 3LW, UK
UKHW021956190726
13853UKWH00004B/1572